大学物理学实验

邵和鸿　蔡双双　陈亮亮　余温雷　主编

蒋云峰　姜培培

林维豪　金　鑫　郑万挺　参编

电子工业出版社

Publishing House of Electronics Industry

北京·BEIJING

内 容 简 介

本书是依据大学物理学实验教学大纲和作者长期的大学物理学实验教学实践编写的，是作者长期从事大学物理学实验教学经验的总结。

本书内容包含力学、电学、光学、综合四个模块，还根据医学院校专业的特点，增加了包括人耳听阈曲线的测定、角膜曲率半径的测定、分子生物光子学等医学物理量测定的实验。

本书适合高等医药院校五年制和八年制临床、基础、口腔、眼视光、预防、医学检验、卫生检验、护理、麻醉、影像、儿科、全科、康复、精神医学、放射医学、药学等专业使用，也可供高等院校工科专业和生命科学有关专业使用。

图书在版编目（CIP）数据

大学物理学实验 / 邵和鸿等主编. —北京：电子工业出版社，2023.2

ISBN 978-7-121-45039-6

Ⅰ. ①大⋯　Ⅱ. ①邵⋯　Ⅲ. ①物理学－实验－高等学校－教材　Ⅳ. ①O4-33

中国国家版本馆 CIP 数据核字（2023）第 022793 号

责任编辑：魏建波　特约编辑：李明明

印　　刷：天津嘉恒印务有限公司

装　　订：天津嘉恒印务有限公司

出版发行：电子工业出版社

　　　　　北京市海淀区万寿路 173 信箱　　邮编：100036

开　　本：787×1092　1/16　印张：9.25　　字数：197 千字

版　　次：2023 年 2 月第 1 版

印　　次：2024 年 7 月第 4 次印刷

定　　价：32.00 元

凡所购买电子工业出版社图书有缺损问题，请向购买书店调换。若书店售缺，请与本社发行部联系，联系及邮购电话：（010）88254888，88258888。

质量投诉请发邮件至 zlts@phei.com.cn，盗版侵权举报请发邮件至 dbqq@phei.com.cn。

本书咨询联系方式：hzh@phei.com.cn。

前　言

　　大学物理学是高等理工医农等学科中的一门基础课程。它的任务是比较系统地讲授物理学知识，使学生能够掌握物理学中的基本概念、基本规律和基本方法，为学习后续课程及将来从事生产实际工作打下物理基础。大学物理学实验是对学生进行科学实验基础训练的一门重要课程，它不仅可以加深学生对大学物理学理论的理解，而且可以使学生获得基本实验知识，在实验方法和实验技能等方面得到较为系统、严格的训练，培养他们进行科学工作的能力和良好的工作作风。

　　本书内容包含力学、电学、光学、综合四个模块，还根据医学院校专业的特点，增加了包括人耳听阈曲线的测定、角膜曲率半径的测定、分子生物光子学等医学物理量测定的实验。

　　本书主要由邵和鸿、蔡双双、陈亮亮、余温雷分工编写，其中邵和鸿编写实验六、实验八、实验十四、实验十五、实验二十、附录 A、附录 B、附录 C；蔡双双编写实验九、实验二十二、实验二十三、实验二十四、实验二十九；蔡双双与邵和鸿合编绪论；陈亮亮编写实验三、实验七；陈亮亮与邵和鸿合编实验二、实验四、实验五；余温雷编写实验十九、实验二十一、实验二十五；余温雷与邵和鸿合编实验一、实验二十六；蒋云峰编写实验十三、实验十六、实验三十；林维豪编写实验十、实验十八、实验三十一；姜培培编写实验十七；金鑫与邵和鸿合编实验十一、实验十二，郑万挺编写实验二十七、实验二十八。

　　本书适合高等医药院校五年制和八年制临床、基础、口腔、眼视光、预防、医学检验、卫生检验、护理、麻醉、影像、儿科、全科、康复、精神医学、放射医学、药学等专业使用，也可供高等院校工科专业和生命科学有关专业使用。

　　陈世苏、曾碧新、黄敏、陈付毅等老师对本书做了很多工作，胡晞同志绘制了大部分插图，在此一并表示衷心感谢！

　　本书的编写得到电子工业出版社的大力支持，在此表示衷心感谢！

　　由于编者水平有限，本书难免有不当之处，敬请使用本书的师生批评指正。

编　者

目　录

综 合 模 块

绪论（关于测量结果的计算及作图）

一、测量的误差

由于我们所使用仪器的缺陷和我们感觉器官的不完善等，任何的物理量测量，都是有一定误差的。因此，我们必须对误差的性质进行分析，对测量所得的结果进行合理的处理，有个恰当的评价，既不对它的精确性估计过高，也不致妄自菲薄，不敢相信。

测量误差按其性质可分为两大类，一类称作系统误差，它产生的主要原因是校正不够完善，或者仪器本身有缺陷。例如，如果一根标尺的所有刻度间隔太大或太小，那么用其量出的长度就会太小或太大。又如，由于假定电流计指针的偏转格数与电流强度成正比，而把电流计的标尺按线性关系来刻度，但实际往往并非如此，因此这样指示的数和真实电流间就有了差异。这类误差具有确定的性质，可以通过仪器的校正和测量本身的批判等来修正，原则上可以压低到当时测量技术所能达到的最低限度。但是，在实际工作中，这种修正不是常能做到的，对于我们的实验，更是不太可能了。因此，在对我们测量结果的准确性做出判断时，自然不可能把这种总是存在着的系统误差一同考虑在内。

另一类误差称为偶然误差，产生它的主要原因之一是观察者本身，而且主要是由于读数时受到感觉器官分辨本领的限制。例如，用一根米尺来测量某一物体的长度，在确定物体两端读数时，只能估计到米尺最小刻度（1mm）的几分之一，有时估计得多些，有时估计得少些。这类误差具有不确定的性质。在一系列的测量中，各个测量结果都将分散在其平均值附近，离平均值越远，出现的次数越少。在不考虑系统误差的情况下，我们可以说，所要测量的物理量的真值在各次测量值分散的范围以内，而且比较靠近平均值，但平均值并不是真值，例如，增加测量次数，平均值通常有所变动，而真值是不变的。误差理论及计算的目的是确定怎样的值最接近于真值及其偏离真值的程度如何。

二、最近真值与平均值误差

对一个物理量进行重复测量时，根据概率论可以证明，各次测量的算术平均值最接近真值，算术平均值 $\bar{x}$ 为

$$\bar{x} = \frac{1}{n}\sum_{k=1}^{n} x_k \qquad (绪\text{-}1)$$

式中，n 为测量次数，x_k 为第 k 次测量所得的值。因为其真值是不知道的，或根本不存在。因此，我们就以 $\bar{x}$ 来代表真值，而将 $U_k = x_k - \bar{x}$ 称为各次测量的偏差。但从式（绪-1）

中可以看出 $\sum\limits_{k=1}^{n} U_k = 0$，因此 U_k 本身尚不足以表示测量数据的离散程度，所以我们用 U_k^2 来度量误差的大小，将

$$S = \sqrt{\frac{\sum\limits_{k=1}^{n} U_k^2}{n-1}}$$　　　　　　　　（绪-2）

称作各次测量值 x_k 的均方差，也称标准差。

显然，平均值比个别测量值更接近真值，应具有更小的误差。理论证明，平均值的误差比标准差要小 $\sqrt{n}$ 倍，即

$$S_{\bar{x}} = \frac{S}{\sqrt{n}} = \sqrt{\frac{\sum\limits_{k=1}^{n} U_k^2}{n(n-1)}}$$　　　　　　（绪-3）

因为偶然误差具有不确定性，故 $S_{\bar{x}}$ 应冠以 ± 号，测量的最后结果则写成

$$\bar{x} \pm S_{\bar{x}}$$　　　　　　　　（绪-4）

$S_{\bar{x}}$ 称为平均值的标准误差，我们在实验中将它写成 Δx。

【例绪-1】对某一长度测量 10 次，结果如表绪-1 所示，求平均值及其标准误差，并表示出最后结果。

表绪-1　长度测量结果

n	1	2	3	4	5	6	7	8	9	10
x_n (cm)	63.57	63.58	63.51	63.52	63.54	63.59	63.51	63.57	63.55	63.59

参考附录 B，我们可以用计算器直接算出平均值 $\bar{x}$ 和标准差 S，再求 $S/\sqrt{n}$ 得 Δx。平均值位数按有效数字规则（参照"五、有效数字及其运算简则"）选取，得 $\bar{x} = 63.55\text{cm}$。由于误差是根据概率论的一些假定而求得的，它不是一个严格的结果，只是从数量级上来评定实验结果，因此把它计算得十分精确是没有意义的，而且误差总是以测量的平均值末位为标准四舍五入取一位有效数字（至多取两位）得到的，因此可得误差 $\Delta x = \pm 0.01\text{cm}$，最后的结果表示为

$$x = (63.55 \pm 0.01)\text{cm}$$

三、绝对误差与相对误差

上面所讨论的误差，称为绝对误差，但仅由绝对误差还不能十分清楚地评定实验结果的好坏，例如，在测量 1cm 的长度时，其误差为 ±0.1cm；在测量 1000cm 时，其误差为 ±0.1cm，两者的差别显然很大，前者占结果的 ±10%，后者只占 ±0.01%，但绝对误差都是 0.1cm。因此还得用误差与实验结果的比值来评定测量精度，这就是相对误差。写成 $\Delta x / \bar{x}$，相对误差用百分数表示，所以也称为百分误差。如上例中，其相对误差为

$$\frac{\Delta x}{\overline{x}} = \frac{\pm 0.01}{63.55} = \pm 0.02\%$$

注意：相对误差也只取一位有效数字。

四、复合量的误差

在大多数物理实验中，往往必须用一个或几个直接测量的量来求得一个待测的物理量，因此它是一个复合量。例如，测量一矩形物体的长与宽来求其面积，面积就是复合量。每个互不相关的直接测量量，都有自己的误差，那么它们对最后的复合量的影响如何呢？这里仅列出我们实验中最常用到的两种情况的公式。

1、如果复合量 R 是各直接测量量 x，y，z，…的和或差，即 $R=x\pm y\pm z\pm\cdots$，则复合量 R 的最大绝对误差 ΔR 为各直接测量量绝对误差绝对值之和。即

$$\Delta R=|\Delta x|+|\Delta y|+|\Delta z|+\cdots \tag{绪-5}$$

ΔR 在结果中也要冠以±号。

2、如果复合量 R 是各直接测量量之积或商，即 $R=x\times y\times z\cdots$ 或 $R=x/y/z/\cdots$，则

$$\left|\frac{\Delta R}{\overline{R}}\right|=\left|\frac{\Delta x}{\overline{x}}\right|+\left|\frac{\Delta y}{\overline{y}}\right|+\left|\frac{\Delta z}{\overline{z}}\right|+\cdots \tag{绪-6}$$

推广开来，如果 $R=x^a y^b z^c\cdots$（a，b，c，…为任意实常数），则

$$\left|\frac{\Delta R}{\overline{R}}\right|=\left|a\frac{\Delta x}{\overline{x}}\right|+\left|b\frac{\Delta y}{\overline{y}}\right|+\left|c\frac{\Delta z}{\overline{z}}\right|+\cdots \tag{绪-7}$$

运算过程中经常遇到的常数，可看成一个没有误差的量（一些常数应按计算的要求取足够的位数）。

按照严格的理论，倘若复合量为 $R=R$（x，y，z，…），则其绝对误差应表示为

$$\Delta R=\sqrt{\left(\frac{\partial R}{\partial x}\Delta x\right)^2+\left(\frac{\partial R}{\partial y}\Delta y\right)^2+\left(\frac{\partial R}{\partial z}\Delta z\right)^2+\cdots}$$

式中，$\frac{\partial R}{\partial x}$，$\frac{\partial R}{\partial y}$，$\frac{\partial R}{\partial z}$，…为 R 分别对 x，y，z，…的偏导数。鉴于我们还未学习偏导数，而且按该式计算也太复杂，我们仍用（绪-5）、（绪-6）、（绪-7）等式来求复合量误差。诚然，这样求得的误差要比实际的大一些，但考虑到一些我们没有估计到的误差，这样或许更好。

【例绪-2】用伏安法测量一电阻，测得电阻两端的电压和流过电阻的电流分别为 $V=$（220 ± 1）V，$I=$（0.945 ± 0.005）A，求电阻 R 及其误差。

解：由 $R=V/I$，得到

$$\overline{R}=\frac{\overline{V}}{\overline{I}}=\frac{220}{0.945}=233\Omega$$

先计算相对误差

$$\left|\frac{\Delta R}{\overline{R}}\right|=\left|\frac{\Delta V}{\overline{V}}\right|+\left|\frac{\Delta I}{\overline{I}}\right|=\frac{1}{220}+\frac{0.005}{0.945}=0.5\%+0.5\%=1\%$$

于是有

$$\Delta R=\overline{R}\frac{\Delta R}{\overline{R}}=233\times1\%=2\Omega$$

最后结果为

$$R=(233\pm2)\Omega$$

五、有效数字及其运算简则

用天平去称一个物体，得重 1734g。由于末位数 4 是通过刻度尺估计而来的，因此是不可靠的（是可疑的），而 1、7、3 直接从砝码数读出，则是可靠的（是可信的）。直接从砝码数读出的可靠数和一位从刻度尺上估读的可疑数统称为有效数字。在实验中，物理量值均用有效数字表示。有效数字从左边第一个不为 0 的数算起，如 0.001374 和 1374 都具有 4 位有效数字，而 130 或 103 则都具有 3 位有效数字。有效数字常采用科学记数法表示，上面例子可表示为 1.734×10^{3}g。利用有效数字，能使人一眼就知道末位是估计的，是有误差的。因此有效数字的位数和该量的误差密切相关。有效数字位数越多，相对误差一般越小，反之则越大。因此，在写一物理量值时，就要按照测量误差正确地写出有效数字。例如，1734g 和 173×10g 两数所表示的重量相同，但前者具有 4 位有效数字，其误差为千分之几，后者具有 3 位有效数字，其误差为百分之几，是不相同的。有效数字不因所用的单位不同而不同，如 1.734×10^{3}g、1.734×10^{6}mg、1.734kg、0.001734T 都具有 4 位有效数字。

复合量的有效数字由各直接测量量的有效数字决定，通常有如下法则：

1、当复合量由几个量相加或相减而得时，其有效数字保留到诸量中最高可疑位。例如：

$$10.1\text{g}+4.178\text{g}=14.3\text{g}$$

2、当复合量由几个量相乘除而得时，其有效数字的位数和诸量中有效数字位数最小者相同。例如：

$$12.34\times0.0234=0.289$$

这两条法则从复合量的误差计算角度是很容易理解的，能够给计算带来很大方便，但它们并不是十分严格的，复合量的准确有效数字应根据复合量的误差确定，即其最后一位有效数字。

六、关于作图的一些规则

在许多实验中，要将实验数据画成图线，以便更直观地观察各量之间的关系。作图时要注意以下几个问题：

1、选取合理的比例关系。这要照顾到两方面。一是比例关系应尽量简单易算，例如，选取 1∶1、1∶2、1∶5（包括 1∶10、1∶100、1∶20、1∶200，…），这样在作图时就不至于因换算而花费太多时间；二是要使图线在图中占据显著的位置和合适的大小，既不局限于一隅，又不能画到图的外面去。如果是一条直线，应尽可能使它有接近 45° 的倾斜角。

下面举几个不恰当的图与正确的图相对照的例子（如图绪-1 所示）。

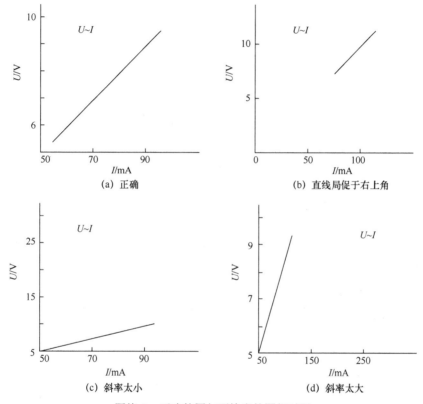

图绪-1　正确的图与不恰当的图相对照

2、线须尽量画得细，并有光滑的趋势，使测量值的各个点大致均等地分布在曲线的两旁。坐标轴应标明名称和单位，要标出图名。

有时，用一个坐标或两个坐标都是以 10 为底的对数标识的坐标纸（分别称为单对数坐标纸、双对数坐标纸）作图，往往要比用普通的坐标纸作图方便。

例如，γ 射线的吸收规律为

$$I = I_0 e^{-\mu x}$$

$$\ln I = -\mu x + \ln I_0$$

用普通坐标纸作图，结果是一根指数曲线，若用单对数坐标纸（纵轴为对数）作图，可以将其函数曲线表示成一条直线。单对数坐标纸通常一坐标取等间隔，另一坐标取对

数间隔。对数坐标大的间隔按级划分，每级可以容纳一个数量级的数值。对数坐标的标度为 1、2、3、…、9，对应按坐标间隔长度为 ln1、ln2、ln3、…、ln9 的比例标出数值。因此，只要标出轴名、标度，得到的曲线即为 ln$l$-x 图，如图绪-2 所示。斜率 μ 由曲线上两点的坐标计算求得。

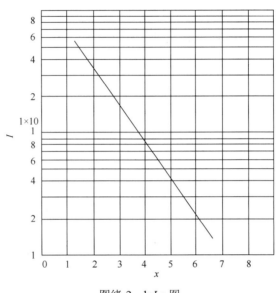

图绪-2　ln$l$-x 图

练 习 题

1、用弹簧秤测量某一固体的密度。a 表示挂上该物体时弹簧的伸长，a' 表示将物体放入水中时弹簧伸长的减少量，ρ、ρ' 分别表示待测固体和水的密度，它们之间的关系为 $\rho = \rho' \dfrac{a}{a'}$。现测得 a、a' 的数据如表 1 所示，已知水温为 $25^{\circ}C$ 时，$\rho' = 0.997\text{g·cm}^{-3}$。试求 $25^{\circ}C$ 时待测物体的平均密度 $\overline{\rho} \pm \Delta\rho$。

表 1　a、a'的数据

n	1	2	3	4	5	6	7	8	9	10
a（cm）	10.16	10.17	10.18	10.16	10.19	10.18	10.17	10.19	10.22	10.22
a'（cm）	3.69	3.69	3.71	3.71	3.74	3.72	3.75	3.74	3.77	3.74

2、测定物距 a 和像距 b 来测定透镜的焦距 f，得表 2 所示的数据（测量 5 次），试计算平均值 $\overline{f}$ 及 Δf，并将结果写成 $f = \overline{f} \pm \Delta f$。

表 2　测量数据

a（cm）	97.34	105.84	113.21	120.13	126.63
b（cm）	67.16	64.16	61.79	59.87	58.37
f（cm）					

f 的计算公式为 $f = \dfrac{ab}{a+b}$（提示：这里每次的 a 及 b 都是不同的，因此应先计算相应各次的 f，然后再求 $\bar{f}$ 及 Δf）。

3、用滑线式惠斯登电桥测量电阻。滑线全长 $L=100.00\text{cm}$。今测得电桥平衡时，R_x 侧滑线长 x 的值如表3所示。已知平均值 $\bar{R}_x = R_0 \dfrac{x}{L-x}$，$R_0 = 100\Omega$（常数），求 $\bar{R}_x$ 及 ΔR_x，并将结果写成 $R_x = \bar{R}_x \pm \Delta R_x$。

表3 测量数据

n	1	2	3	4	5	6	7	8	9	10
x（cm）	57.80	57.77	57.78	57.80	57.80	57.79	57.78	57.80	57.80	57.80

$\bar{x} =$ 　　　　$\Delta x =$ 　　　　$R_x = \bar{R}_x \pm \Delta R_x =$

提示：由于 x 和（$L-x$）不是相互独立的量，因此 ΔR_x 不能表示为 $\dfrac{\Delta x}{\bar{x}} + \dfrac{\Delta(L-\bar{x})}{L-\bar{x}}$，而根据误差传播理论，可表示为 $\dfrac{\Delta R_x}{\bar{R}_x} = \dfrac{L\Delta x}{\bar{x}(L-\bar{x})}$。

力学模块

实验一　落球法测量液体的黏滞系数

一、实验目的

1、学习和掌握一些基本物理量的测量方法。

2、学习激光光电门的校准方法。

3、用落球法测量蓖麻油的黏滞系数。

二、实验原理

液体流动时，平行于流动方向的各层流体速度都不相同，即存在着相对滑动，于是在各层之间就有摩擦力产生，这一摩擦力称为黏滞力，其方向平行于接触面，大小与速度梯度及接触面积成正比，比例系数 η 称为黏滞系数，是表征液体黏滞性强弱的重要参数。液体的黏滞系数和人们的生产、生活等方面有着密切的关系，例如，医学上常把血黏滞系数的大小作为人体血液是否健康的重要标志之一。又如，石油在封闭管道中长距离输送时，其输运特性与黏滞性密切相关，因此在设计管道前，必须测量被输送石油的黏滞系数。

测量液体黏滞系数可用落球法、毛细管法、转筒法等，其中落球法适用于测量黏滞系数较高的透明或半透明的液体，如蓖麻油、变压器油、甘油等。

处在液体中的小球受到铅直方向的三个力的作用：小球的重力 mg（m 为小球质量）、液体作用于小球的浮力 ρgV（V 是小球体积，ρ 是液体密度）和黏滞力 F（其方向与小球运动方向相反）。如果液体无限深广，在小球下落速度 v 较小的情况下，有

$$F = 6\pi\eta rv \qquad\qquad (1\text{-}1)$$

上式称为斯托克斯公式，其中 r 是小球的半径；η 为液体的黏滞系数，其单位是 $\mathrm{Pa \cdot s}$。

小球在起初下落时，由于速度较小，受到的阻力也就比较小，随着下落速度的增大，阻力也随之增大。最后，三个力达到平衡，即

$$mg = \rho gV + 6\pi\eta v_0 r \qquad\qquad (1\text{-}2)$$

此时，小球将以速度 v_0 做匀速直线运动，由式（1-2）可得

$$\eta = \frac{(m - V\rho)g}{6\pi v_0 r} \qquad\qquad (1\text{-}3)$$

令小球的直径为 d ，并用 $m = \dfrac{\pi}{6} d^3 \rho'$ ， $v_0 = \dfrac{l}{t}$ ， $r = \dfrac{d}{2}$ 代入式（1-3）得

$$\eta = \frac{(\rho' - \rho) g d^2 t}{18l} \qquad (1\text{-}4)$$

其中， ρ' 为小球材料的密度， l 为小球匀速下落的距离， t 为小球下落 l 距离所用的时间。

实验过程中，待测液体放置在容器中，故无法满足无限深广的条件，实验证明上式应进行如下修正方能符合实际情况：

$$\eta = \frac{(\rho' - \rho) g d^2 t}{18l} \cdot \frac{1}{\left(1 + 2.4 \dfrac{d}{D}\right)\left(1 + 1.6 \dfrac{d}{H}\right)} \qquad (1\text{-}5)$$

其中， D 为容器内径， H 为液柱高度。

注意单位： $1\text{Pa} \cdot \text{s} = 10\text{P}$ 。

三、实验仪器

DH4606 落球法液体黏滞系数测定仪、卷尺、钢球若干。

（一）仪器说明

DH4606 落球法液体黏滞系数测定仪主要包括两部分：测试架和测定仪。图 1-1 为测试架结构图。

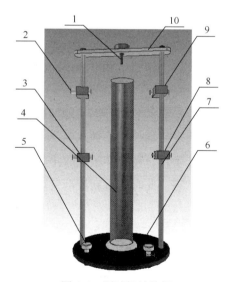

图 1-1　测试架结构图

1—落球导管；2—发射端Ⅰ；3—发射端Ⅱ；4—量筒；5—水平调节螺钉；6—底盘；

7—支撑柱；8—接收端Ⅱ；9—接收端Ⅰ；10—横梁

（二）测定仪使用说明

DH4606 落球法液体黏滞系数测定仪面板如图 1-2 所示。使用时测试架上端装光电门 I，下端装光电门 II，且两发射端装在一侧，两接收端装在另一侧。将测试架上的两光电门 "发射端 I" "发射端 II" 和 "接收端 I" "接收端 II" 分别对应接到测定仪前面板的 "发射端 I" "发射端 II" 和 "接收端 I" "接收端 II" 上。检查无误后，按下测定仪后面板上的电源开关，此时数码管将循环显示两光电门的状态：

"L-1-0" 表示光电门 I 处于没对准状态；

"L-1-1" 表示光电门 I 处于对准状态；

"L-2-0" 表示光电门 II 处于没对准状态；

"L-2-1" 表示光电门 II 处于对准状态。

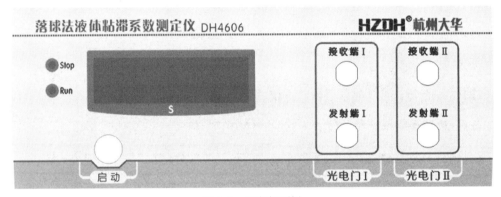

图 1-2　测定仪面板

当两光电门都处于对准状态时，按下测定仪前面板上的 "启动" 键，此时数码管将显示 "HHHHH"，表示启动状态；当下落小球经过上面的光电门（光电门 I）而未经过下面的光电门（光电门 II）时将显示 "- - - - -"，表示正在测量状态；若测量时间超过99.999s，则显示 "88888"，表示超量程状态；当小球经过光电门 II 后将显示小球在两光电门之间的下落时间。重新按下 "启动" 键后放入第二个小球，经过两光电门后，将显示第二个小球的下落时间，以此类推。若在实验过程中，不慎碰到光电门，使光电门偏离，将重新循环显示两光电门状态，此时需重新校准光电门。

四、实验步骤

1、调整测试架。

（1）将线锤装在支撑横梁中间部位，调整测试架上的三个水平调节螺钉，使线锤对准底盘中心圆点；

（2）将光电门按仪器使用说明上的方法连接。接通测定仪电源，此时可以看到两光电门的发射端发出红色光束。调节上下两个光电门发射端，使两光束刚好照在线锤的线上；

（3）收回线锤，将装有测试液体的量筒放置于底盘上，并移动量筒使其处于底盘中央位置。将落球导管放置于横梁中心，两光电门接收端调整至正对发射光（可参照上述测定仪使用说明校准两光电门）。待液体静止后，将小球用镊子从导管中放入，观察能否挡住两光电门光束（挡住两光束时会有时间值显示），若不能，适当调整光电门的位置。

2、用温度计测量室温，记录温度 T。

3、用卷尺测量 5 次光电门之间的距离 l，并求其平均值 $\bar{l}$。

4、测量 10 次小球下落时间 t，并求其平均值 $\bar{t}$。

5、测量液柱高度 H（使用插值法进行估读）。

6、将相关量代入式（1-5），计算液体的黏滞系数 η，并与温度 T 下的黏滞系数相比较。不同温度下蓖麻油的黏滞系数可参照图 1-1。

【参考】钢球平均值密度：$\rho' = 7.784 \times 10^3 \, \text{kg/m}^3$。

蓖麻油出厂密度：$\rho = 0.97 \times 10^3 \, \text{kg/m}^3$。

容器内径：$D = 64\text{mm}$。

小球直径：$d = 3\text{mm}$。

重力加速度：$g = 9.8\text{m/s}^2$。

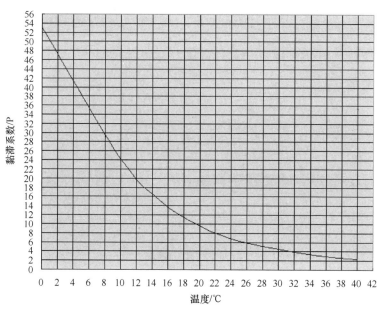

图 1-1　不同温度下的蓖麻油的黏滞系数

五、实验记录及结果

1、室温 $T =$ ＿＿＿＿＿＿℃；液柱高度 $H =$ ＿＿＿＿＿＿cm。

将实验结果填入表 1-1、表 1-2 中。

表 1-1　光电门之间的距离测量

次数	1	2	3	4	5	平均值
距离 l（mm）						

表 1-2　小球下落时间测定

次数	1	2	3	4	5	平均值
时间 t（s）						
次数	6	7	8	9	10	
时间 t（s）						

2、计算结果

$$\eta = \frac{(\rho' - \rho)gd^2 t}{18l} \cdot \frac{1}{\left(1 + 2.4\dfrac{d}{D}\right)\left(1 + 1.6\dfrac{d}{H}\right)} = $$

六、实验注意事项

1、测量时，小球需保持干净；

2、等被测液体稳定后再投放小球；

3、实验过程中，每次投入小球前必须注意启动时间的测量。

七、思考题

影响测量精度的因素有哪些？

实验二　毛细管法测量液体黏滞系数

一、实验目的

1、掌握毛细管黏滞计的原理。

2、测定酒精的黏滞系数。

二、实验原理

当液体通过毛细管且作为稳定层流时，如果管的半径为 R，管长为 L，管两端的压强差为 ΔP，t 秒内流过液体的体积为 V，那么根据泊肃叶定律，该液体的黏滞系数 η 为

$$\eta = \frac{\pi \Delta P t R^4}{8VL} \tag{2-1}$$

根据上式，若相同体积的两种不同液体在同样的条件下通过同一毛细管，第一种液体流过的时间为 t_1，其密度为 ρ_1，第二种液体流过的时间为 t_2，其密度为 ρ_2，则从式（2-1）可知

$$\eta_1 = \frac{\pi \Delta P t R^4}{8VL} = \frac{\pi \rho_1 g h t_1 R^4}{8VL} \tag{2-2}$$

$$\eta_2 = \frac{\pi \Delta P t R^4}{8VL} = \frac{\pi \rho_2 g h t_2 R^4}{8VL} \tag{2-3}$$

将式（2-2）、式（2-3）相除，消去 V、R、L、h 得到

$$\eta_2 = \eta_1 \frac{\rho_2 t_2}{\rho_1 t_1} \tag{2-4}$$

用这种比较测量法，只要知道某一标准溶液的 η 和 ρ（η_1，ρ_1）及待测液体的密度 ρ_2，可以无须知道 R、V 和 L 的值，就能方便地求出 η_2。

三、实验仪器

毛细管黏滞计、万用支架、酒精、蒸馏水、温度计、移液管、吸气球、秒表。

四、实验步骤

1、将蒸馏水注入毛细管黏滞计（如图 2-1 所示），进行洗涤。

2、保持毛细管黏滞计竖直位置，用清洁的移液管将一定体积的蒸馏水（6cm³）自 F 端注入。

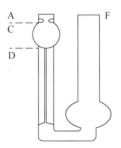

图 2-1 毛细管黏滞计

3、用吸气球在 A 端吸液，使液面上升到 C 刻度线以上约半厘米处，然后让液体自然下降。

4、当 A 端液面降到 C 刻度线时，启动秒表，记录蒸馏水自 C 流至 D 的时间 t_1。

5、重复步骤 3、4 共 5 次，算出 $\overline{t_1}$ 及 Δt_1。

6、将蒸馏水倒出，用酒精洗涤黏滞计（洗过的酒精不要倒入原瓶中，应倒在另一个容器中）。

7、用移液管把与蒸馏水同体积的酒精倒入黏滞计，重复步骤 3、4 共 5 次，算出 $\overline{t_2}$ 及 Δt_2。

8、将酒精倒出，用蒸馏水清洗仪器。

9、计算酒精的黏滞系数 $\eta_2 = \overline{\eta_2} \pm \Delta \eta_2$。由 $t_1 = \overline{t_1} \pm \Delta t_1$、$t_2 = \overline{t_2} \pm \Delta t_2$ 及式（2-4），并利用误差理论可得 $\Delta \eta_2$，从而算出 η_2。

五、实验记录及结果

$t=0℃$ 时，$\rho_{10} = 0.99987 \, g/cm^3$（$\rho_{10}$ 指蒸馏水在 $0℃$ 时的密度）

$\rho_{20} = 0.80625 \, g/cm^3$（$\rho_{20}$ 指酒精在 $0℃$ 时的密度）

将实验结果填入表 2-1 中。

表 2-1 蒸馏水流过 CD 的时间 t_1、酒精流过 CD 的时间 t_2

次数	蒸馏水流过 CD 的时间 t_1（s）	酒精流过 CD 的时间 t_2（s）
1		
2		
3		
4		
5		
平均值		

$\Delta t_1 =$ s $\Delta t_2 =$ s

蒸馏水的密度 $\rho_1 =$ g/cm^3 酒精的密度 $\rho_2 =$ g/cm^3

温度＝　　　　　　　　　℃　　　　　　蒸馏水的黏滞系数 η_1＝　　　　　Pa·s

酒精的黏滞系数：$\eta_2 = \bar{\eta}_2 \pm \Delta\eta_2$＝　　　　　　　　　　　　Pa·s

六、思考题

1、为什么蒸馏水与酒精的体积必须相同？

2、为什么要记录液体的温度？在测量过程中为什么必须保持温度不变？

附表：各种温度下蒸馏水的黏滞系数

t（℃）	η_1（Pa·s）	t（℃）	η_1（Pa·s）
0	0.00179	19	0.00103
1	0.00173	20	0.00100
2	0.00167	21	0.00098
3	0.00162	22	0.00096
4	0.00157	23	0.00094
5	0.00152	24	0.00091
6	0.00147	25	0.00089
7	0.00143	26	0.00087
8	0.00139	27	0.00085
9	0.00135	28	0.00084
10	0.00131	29	0.00082
11	0.00127	30	0.00080
12	0.00124	31	0.00078
13	0.00120	32	0.00077
14	0.00117	33	0.00075
15	0.00114	34	0.00074
16	0.00111	35	0.00072
17	0.00108	36	0.00071
18	0.00106	37	0.00069

提示：$\rho_t = \rho_0(1-\beta t)$；$\beta_1 = 0.00021/℃$；$\beta_2 = 0.00110/℃$

实验三　人耳听阈曲线的测定

一、实验目的

1、掌握听觉试验仪的使用方法。

2、测定人耳的听阈曲线。

3、了解测定听阈曲线的原理和方法。

二、实验原理

能够对听觉器官引起声音感觉的波动称为声波。通常声波的可闻频率范围为 20～20000Hz。描述声波能量的大小常用声强和声强级两个物理量。声强是单位时间内通过垂直于声波传播方向的单位面积的声波能量，用 I 来表示。声强级是声强的对数标度，是根据人耳对声音强弱变化的分辨能力来定义的，用 L 来表示。L 与 I 的关系为

$$L = \lg \frac{I}{I_0}(\mathrm{B}) = 10\lg \frac{I}{I_0}(\mathrm{dB})$$

式中，$I_0 = 10^{-12}\,\mathrm{W/m^2}$。

引起听觉的声音，不仅在频率上有一定范围，而且在声强上也有一定范围。就是说，对于任一在声波范围内的频率（20～20000Hz）来说，声强还必须达到某一数值才能引起人耳听觉。能引起听觉的最小声强称为听阈。对于不同频率的声波，听阈不同，听阈与频率的关系曲线称为听阈曲线。随着声强的增大，人耳感到声音的响度也提高了，当声强超过某一最大值时，声音在人耳中会引起痛觉，这个最大声强称为痛阈。对于不同频率的声波，痛阈也不同，痛阈与频率的关系曲线称为痛阈曲线。由图 3-1 可知，听阈曲线为响度级为 0 方的等响曲线，痛阈曲线则为响度级为 120 方的等响曲线。

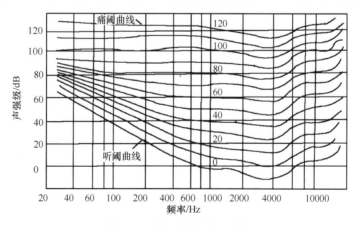

图 3-1　听觉区域和等响曲线

在临床上常用听力计测定病人对各种频率声音的听阈值，与正常人的听阈进行比较，借以诊断病人的听力是否正常。

三、实验仪器

听觉试验仪（见图3-2）、立体声耳机等。

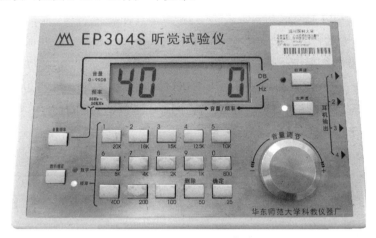

图 3-2　听觉试验仪[①]

四、实验步骤

1、接上听觉试验仪电源，插上耳机1到4副。

2、无误后，打开听觉试验仪左边侧壁上的电源开关，仪器频率显示"0"，音量显示"40" dB。

3、按下左、右声道按钮，打开相应的左、右声道。例如，测试左耳时，需先将"左声道"按钮按下，对应的灯会亮（见图3-2），此时右声道对应的灯不亮，表示此时只能测试左耳，这样做是为了避免两耳互相干扰。同理，测试右耳时，则需关闭左声道的灯，按下"右声道"按钮，点亮右声道对应的灯。

4、通过按下频率选择按钮选择音频频率，如果需要 12.5kHz 频率，则按标有 12.5kHz 的按钮，频率显示"12500"，此时实验者可转到频率是 12.5kHz 的音频信号。

5、调节音量调节旋钮，顺时针方向旋转，音量增强，逆时针方向旋转，音量减弱。调节音量时，音量显示变化。

6、如果需要关闭信号，则需再次按下左边侧壁上的电源开关。

五、实验注意事项

1、开机前，请确认所使用的电源在交流 198～242V 所规定的范围内，否则可能导

---

① 仪器上，DB 的正确写法应为 dB。

致仪器受损。

2、每次打开电源开关，仪器将自动把音量设置在"40"dB，而音频信号则设置在关的状态，显示"0"。

3、实验前，最好先预热仪器 2 分钟，使仪器各项指标达到最佳状态。

4、禁止在开机状态下插拔耳机插头。

5、由于目前耳机制造技术上的差异，耳机在整个音频范围内，各频率上的转换效率不同，因此在同样电平的驱动下，不同频率的声强不同，实验者必须根据耳机频率响应修正表 3-1，对实验结果进行推算和分析，例如，当音量显示"56"，频率为 1000Hz 时，校准后的音量为 56+0=56；而当频率换成 10000Hz 时，查表 3-1，可知 10000Hz 对应的校准值为"−4"，则较准后的音量为 56−4=52；同理，当频率为 2KHz 时，校准后的音量为 56+5=6l，由此可得到较正确的实验结果。

表 3-1　耳机频率响应修正表

频率（Hz）	20000	18000	14000	12000	10000
校准值	−16	−13	−4	−0.5	−4
频率（Hz）	8000	4000	2000	1000	800
校准值	−5.5	−7.5	+5	0	−3
频率（Hz）	400	200	100	50	25
校准值	−5	−7	−22	−23	−23

六、实验记录及结果

1、记录各频率下的声强级 L 和校准后的声强级 L' 于表 3-2 中。

表 3-2　各频率下的声强级 L 和校准后的声强级 L'

	频率 f（Hz）	25	50	100	200	400	800	1000	2000	4000	8000	10000
左耳	声强级 L（dB）											
	校准后声强级 L'（dB）											
右耳	声强级 L（dB）											
	校准后声强级 L'（dB）											

2、在单对数坐标纸上画出听阈曲线。

七、思考题

1、有人说 40dB 的声音听起来一定比 30dB 的声音更响一些，你认为对不对？

2、声强级与响度级有何不同？

实验四　固定均匀弦振动频率的测定

一、实验目的

1、观察弦上驻波并研究其性质。

2、了解弦振动的规律，并测定其频率。

二、实验原理

设有一均匀弦线，一端由劈尖 A 支撑，另一端由劈尖 B 支撑。对均匀弦线进行扰动，引起弦线上质点的振动，于是波就由 A 端向 B 端方向传播，称为入射波；再由 B 端反射沿弦线朝 A 端传播，称为反射波。入射波与反射波在同一条弦线上沿相反方向传播时将相互干涉，移动劈尖 B 到合适位置，弦线上形成驻波。这时，弦线上的波被分成几段且每段波两端的点始终静止不动，这些始终静止的点称为波节，振幅最大的点称为波腹。驻波的形成如图 4-1 所示。

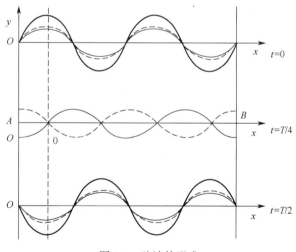

图 4-1　驻波的形成

设图中的两列波是沿 x 轴方向相向传播的振幅相等、频率相同的简谐波。向右传播的波用细实线表示，向左传播的波用细虚线表示，它们的合成驻波用粗实线表示。由图可见，两个波腹间的距离等于半个波长，这可从波动方程推导出来。

下面用简谐波表达式对驻波进行定量描述。设沿 x 轴正方向传播的波为入射波，沿 x 轴负方向传播的波为反射波，取它们振动位相始终相同的点作为坐标原点，且在 $x=0$

处，振动质点向上达最大位移时开始计时，则它们的波动方程为

$$y_1 = A\cos 2\pi\left(ft - \frac{x}{\lambda}\right)$$

$$y_2 = A\cos 2\pi\left(ft + \frac{x}{\lambda}\right)$$

式中，A 为简谐波的振幅，f 为频率，λ 为波长，x 为弦线上质点的坐标位置。

两波叠加后的合成波为驻波，其方程为

$$y_1 + y_2 = 2A\cos 2\pi\left(\frac{x}{\lambda}\right)\cos 2\pi ft \tag{4-1}$$

由此可见，入射波与反射波合成后，弦上各点都在以同一频率做简谐振动，它们的振幅为 $\left|2A\cos 2\pi\left(\frac{x}{\lambda}\right)\right|$，即驻波的振幅与时间 t 无关，只与质点的位置 x 有关。

由波节处振幅为零，即

$$\left|\cos 2\pi\left(\frac{x}{\lambda}\right) = 0\right|$$

$$2\pi\frac{x}{\lambda} = (2k+1)\frac{\pi}{2} \qquad k=0，1，2，3，\cdots$$

可得波节的位置为

$$x = (2k+1)\frac{\lambda}{4} \tag{4-2}$$

而相邻两波之间的距离为

$$x_{k+1} - x_k = \frac{\lambda}{2} \tag{4-3}$$

又因为波腹处的质点振幅最大，即

$$\left|\cos 2\pi\left(\frac{x}{\lambda}\right)\right| = 1$$

$$2\pi\frac{x}{\lambda} = k\pi \quad k=0，1，2，3，\cdots$$

可得波腹的位置为

$$x = \frac{k\lambda}{2} \tag{4-4}$$

这样，相邻波腹间的距离也是半个波长。因此，在驻波实验中，只要测得相邻两波节或相邻两波腹间的距离，就能确定该波的波长。

在实验中，由于弦的两端 A、B 是固定的，因此，只有当弦线的两个固定端之间的距离（弦长）等于半个波长的整数倍时，才能形成驻波，这就是均匀弦振动产生驻波的条件，其数学表达式为

$$L = n\frac{\lambda}{2} \quad n=1，2，3，\cdots$$

由此可得沿弦线传播的横波波长为

$$\lambda = \frac{2L}{n} \tag{4-5}$$

式中，n 为弦线上驻波的段数，即半波数。

根据波动理论，弦线中横波的传播速度为

$$v = \sqrt{\frac{T}{\rho}} \tag{4-6}$$

式中，T 为弦线中的张力，ρ 为弦线单位长度的质量，即线密度。

根据波速、频率及波长的普遍关系式 $v = f\lambda$，将式（4-5）代入可得

$$v = \frac{2fL}{n} \tag{4-7}$$

再由式（4-6）、式（4-7）可得

$$f = \frac{n}{2L}\sqrt{\frac{T}{\rho}} \quad n=1，2，3，\cdots \tag{4-8}$$

由式（4-8）可知，当给定 T、ρ、L 时，频率 f 只有满足该式关系才能在弦线上形成驻波。同理，当用外力（如流过金属弦线上的交变电流在磁场中受到交变安培力的作用）去驱动弦振动时，外力的频率必须与这些频率一致，才会促使弦振动的传播，形成驻波。

三、实验仪器

实验仪器如图 4-2 所示。

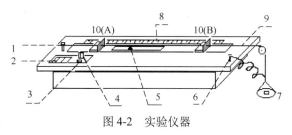

图 4-2　实验仪器

1、6—香蕉插座（接弦线）；2—频率显示；3—电源开关；4—频率调节旋钮；5—磁铁；
7—砝码盘；8—米尺；9—弦线；10—两劈尖（滑块）

实验时，在 1 和 6 间接上弦线（6 与 7 之间的弦线应处于松弛状态），将电源接通。这样，在磁场的作用下，通过正弦交变电流的弦线就会振动。根据需要，可以通过调节频率调节旋钮，从显示器上读出所需频率。移动磁铁的位置，使弦振动调整到最佳状态（使弦振动的振动面与磁场方向完全垂直）。移动劈尖的位置，可以改变弦长。

四、实验步骤

1、测定弦线的线密度。选取频率 f=50Hz，张力 T 通过将 30g 砝码挂在弦线的一端产生。调节劈尖 A、B 之间的距离，使弦线出现单段（n=1），重复测两次，并记录相应的弦长 L_i，由式（4-8）算出 ρ_i，求平均值 $\bar{\rho}$。

2、在频率一定的条件下，改变张力 T 的大小，测量弦线上横波的传播速度 v。

3、根据式（4-8），在其他参数已知的条件下测弦振动的频率 f。

五、实验记录及结果

1、调频率，使 f=50Hz，将实验结果填入表 4-1 中。

表 4-1　f=50Hz 时的实验结果

次　　数	第一次	第二次
驻波段数 n	1	1
弦线张力 T（N）		
弦 AB 的长度 L（m）	$L_1' =$ $L_1'' =$ $L_1 =$	$L_2' =$ $L_2'' =$ $L_2 =$
$\bar{\rho}$（kg/m）		
ρ（kg/m）		

2、调频率，使 $f_{标准}$=100Hz，将实验结果填入表 4-2 中。

表 4-2　$f_{标准}$=100Hz 时的实验结果

$\bar{\rho} = \qquad\qquad\qquad\qquad f_{标准}=100Hz$

次　　数	第一次	第二次	第三次
驻波段数 n	1	1	1
砝码及盘的质量（kg）			
弦线张力 $T=mg$（N）			
弦 AB 的长度 L（m）	$L_1' =$ $L_1'' =$ $L_1 =$	$L_2' =$ $L_2'' =$ $L_2 =$	$L_3' =$ $L_3'' =$ $L_3 =$
传播速度 v（m/s）			
振动频率 f（Hz）			

$\bar{f} = (f_1 + f_2 + f_3)/3 = \qquad\qquad \bar{v} = (v_1 + v_2 + v_3)/3 =$

$\Delta f = \qquad\qquad\qquad\qquad f = \bar{f} \pm \Delta f =$

六、思考题

1、测量弦线长度时能否先在弦上节点处做好标记，待振动停止了再量长度？

2、能否找出几个引起本实验误差的原因？

七、注意事项

1、改变挂在弦线一端的砝码后，要在砝码稳定后再测量。

2、在移动劈尖调整驻波时，磁铁应在两劈尖之间，且不能处于波节位置，要等波形稳定后再记录。

实验五　用驻波法测定空气中的声速

一、实验目的

1、了解驻波的特性和应用。

2、测定空气中的声速。

二、实验原理

当一入射纵波沿一充气的管子 A 传播时，类似弦上驻波，它和反射波的叠加也可以形成纵驻波。如图 5-1 所示，将频率为 v 的振动着的扬声器靠近管的开端（管的一部分装有水），管中水平面的升降可以改变空气柱的长度。扬声器的振动，迫使 A 管的空气柱振动，这样入射的纵波在 A 管水平面上产生反射纵波。若条件合适，则两者叠加形成驻波，在水平面处应是波节，开口端应是波腹。实验时，调整 A 管的水面，可以听到声强发生明显的变化，直到声音最响，即发生"共振"为止。当空气柱长度为 $\lambda/4$ 时，发生第一次"共振"，继续加长空气柱的长度，可以出现第二次、第三次和第四次共振。相邻两次"共振"水面位置之间的距离就是半个波长。因为振源的频率已知，所以可测得声波的传播速度 $C=v\lambda$。

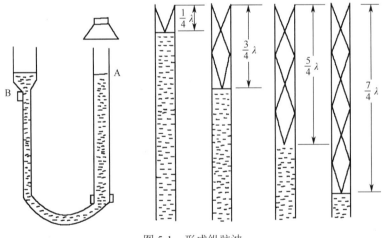

图 5-1　形成纵驻波

三、实验仪器

共鸣管、信号发生器与扬声器。

四、实验步骤

1、打开信号发生器电源（信号发生器的使用方法见"七、附录"）。

2、升降 B 管，即调节 A 管中的水平面，使气柱发生第一次共振（声音最响时），记下米尺上的刻度值。

3、按步骤 2，重复 5 次，并取刻度值的平均值。

4、调节 A 管中的水平面，寻找第二次、第三次和第四次共振位置，每次重复 5 次，并取刻度值的平均值。

五、实验记录及结果

1、将实验结果填入表 5-1 中。

表 5-1　实验结果

$v=$　　　　　　　　　t（室温）$=$

n	第一次共振位置 D_1（cm）	第二次共振位置 D_2（cm）	第三次共振位置 D_3（cm）	第四次共振位置 D_4（cm）
1				
2				
3				
4				
5				
$\bar{D}_i$				
ΔD_i				

2、数据处理：由 $\bar{D}_3$、$\bar{D}_1$ 及 $\bar{D}_4$、$\bar{D}_2$ 可分别得出两个波长值，$\lambda = \bar{D}_3 - \bar{D}_1$ 及 $\lambda' = \bar{D}_4 - \bar{D}_2$。其平均值就是实验的最后波长值：

$$\bar{\lambda} = (\lambda + \lambda')/2 =$$

λ 的误差则由 $\Delta\lambda = (\Delta D_1 + \Delta D_2 + \Delta D_3 + \Delta D_4)/2$ 给出。

$$\bar{C} = v\bar{\lambda} = \qquad\qquad\qquad \Delta C = v\Delta\lambda =$$

$$C_{理} = 331\sqrt{(1+0.0037t)} = \qquad\qquad \frac{|\bar{C} - C_{理}|}{\bar{C}} \times 100\% =$$

六、思考题

1、在测量中，对于一个频率，我们常常测量几个四分之一波长的总长度，再求平均值波长，这样做有什么优点？

2、为什么在测量时不测量波腹之间的距离，而要测量波节之间的距离？

七、附录

XDI 型信号发生器使用说明

XDI 型信号发生器如图 5-2 所示。

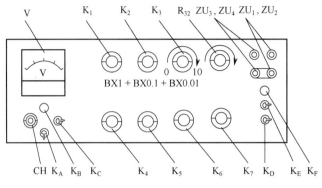

图 5-2　XDI 型信号发生器

（一）准备

1、将电源线接在 220V，50Hz 的交流电源上。应注意将三芯电源插头的地线脚与大地妥善接好，以避免干扰。

2、开机前应将输出电压细调电位器（R_{32}）旋至最小，在过载指示灯（K_F）熄灭以后，再逐渐加大输出电压幅度。

3、若想达到足够的频率稳定度，须预热 30 分钟以后再使用。

（二）使用方法

1、频率选择：先在面板的旋钮（K_5）上做分波段选择，然后根据所需的频率，在三个频率旋钮（K_1，K_2，K_3）上按十进制原则细调至所需的频率。

2、输出调整：本仪器有电压输出（ZU_3，ZU_4）和功率输出（ZU_1，ZU_2）两组端子，把负载的两端同它们相连。这两种输出合用一个输出衰减开关（K_7），做每挡 10dB 的衰减。输出由同一电位器（R_{32}）进行连续调节。这个旋钮与衰减开关进行适当配合，便可在输出端子上得到所需的输出幅度。

3、功率级使用：由功率开关（K_D）、内负载开关（K_E）及负载匹配开关（K_6）来调节（使用前教师已调好）。

4、电压级使用：电压级输出的最大值可以达到 5V，最小值可以低于 200μV。

5、电压表的使用：此电压表可进行"内测"和"外测"。当用于"外测"时，被测信号从输入电缆引到面板上的输入插座上，并将测量开关（K）拨向"外测"，同时根据被测电压大小，选择电压表的量程。当将测量开关拨向"内测"时，电压表即转接到电压级输出。

实验六　振动体频率的测量

一、实验目的

1、掌握一种测量振动体频率的方法。

2、了解光电传感器的应用。

3、掌握用示波器测量时间（或频率）的方法。

二、实验原理

振动现象是自然界普遍存在的一种物理现象，这种现象的一个特征是它具有振动频率，如一个钟摆，其振动的规律性可以由振动一次的时间（周期）来表示。不同的振动各有其特征频率，所以振动体频率的测量十分重要。

当振动体的振动频率比较低且振幅比较大时，它的频率可以直接用秒表测量，如测量一个摆长为 1m 的摆的振动频率，我们可以测量它摆动 10 次或者 100 次所需的时间，用测得的时间除以摆动的次数，就得到频率。但是当频率很高时，由于视觉滞留效应，不能区分出每次的振动，因此就不能用上述办法。当振幅很小时，我们也会遇到类似的困难，所以对于这种振动，我们必须想办法先把机械振动变换成其他量的变化，再来测量。这里介绍一种利用光电转换的测量方法。首先介绍光敏三极管和电振音叉两种仪器。

1、光敏三极管：光敏三极管是一种高灵敏度元件，它的结构和普通三极管一样，具有两个 PN 结（如图 6-1(a)所示），但它的基极没有引线引出，而是靠光照激发电子-空穴来产生电流。其在电路中的符号如图 6-1(b)所示，使用时将 c 极接正电位，e 极接负电位。当没有光照射在基极上时，它呈现很高的电阻，相当于电路断路，在电阻 R 上没有电压，因此流过的电流很小（称为暗电流，对于硅光敏三极管，暗电流通常在 10^{-6}A 以下）；当有光照射在基极上时，它的电阻就迅速下降，相当于电路接通，于是在电阻 R 上就出现电压。假使我们将它接成图 6-1(c)所示的电路，它的作用就相当于一个光开关。

2、电振音叉：电振音叉的结构如图 6-2 所示。音叉中装有一电磁铁，并在一个叉枝的外侧装有断续接触器。当接上电源后，若调节断续接触器接触点螺丝，使它和音叉上的弹簧片相接触，则电磁铁由于其励磁线圈中通有电流，产生磁场而吸引两叉臂，其结果使弹簧片和接触螺丝脱开，线圈中电流中断，磁场消失，叉臂回弹，又接通了电路，这样重复下去，即在励磁线圈中形成断续通电，致使电磁铁产生间断吸力，驱使音叉做长期振动。适当调节螺丝的位置，可使音叉有较大的振幅。当叉端摆幅约达 1.5mm 时，可将螺帽固紧，使螺丝不松动。本音叉所用的电源为 4～6V 直流电。

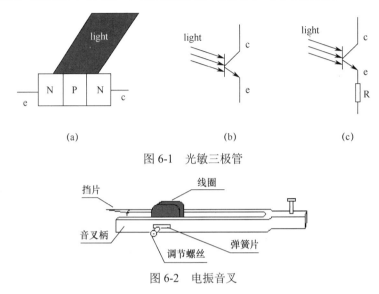

图 6-1　光敏三极管

图 6-2　电振音叉

用光电转换法测量电振音叉振动频率的装置如图 6-3 所示。在音叉的一个臂上装一挡片，使它刚好遮住小灯泡经透镜聚焦在光敏三极管上的光点。当音叉振动时，挡片来回运动，于是电阻上就得到一个交变电压，其频率和音叉振动频率一致。测定这个交变电压的频率，也就测出了音叉的振动频率。

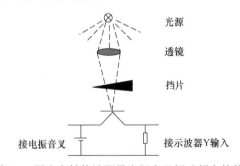

图 6-3　用光电转换法测量电振音叉振动频率的装置

本实验用示波器测量变化频率。

三、实验仪器

示波器一台、电振音叉一个、光敏三极管一只、光源一个、电池一盒。

四、实验步骤

1、按图 6-3 接线，松开音叉断续接触器的调节螺丝，使之不与弹簧片接触。

2、调节光源、挡片和光敏三极管的位置，使光正好聚焦在光敏三极管上，而挡片在音叉不振动时正好挡住光的边缘。

3、调节音叉断续接触器螺丝，使音叉振动，并有较大的振幅，将螺帽紧固，使螺丝不松动。

4、调节示波器，得到稳定且适当大小的波形。

5、读出两个相邻同相点间的距离 Δx，记下"t/cm"挡的指示数 b，计算音叉的频率。

6、实验完毕，拆下接线，整理好仪器。

五、实验记录及结果

1、示波器"t/cm"挡的指示数 b=

2、两相邻同相点间的距离 Δx=

3、音叉的频率 f=

六、思考题

1、光敏三极管起何作用？

2、为什么将光聚焦在光敏三极管上，而不是聚焦在挡片上？

实验七　单摆实验

一、实验目的

验证摆长与周期之间的关系，求出重力加速度 g。

二、实验原理

（一）周期与摆角的关系

在忽略空气阻力和浮力的情况下，由单摆振动时能量守恒，可以得到质量为 m 的小球在摆角为 θ 处动能和势能之和为常量，即

$$\frac{1}{2}mL^2\left(\frac{\mathrm{d}\theta}{\mathrm{d}t}\right)^2 + mgL(1-\cos\theta) = E_0 \tag{7-1}$$

式中，L 为单摆摆长，θ 为摆角，g 为重力加速度，t 为时间，E_0 为小球的总机械能。若小球在摆角为 θ_m 处释放，则有

$$E_0 = mgL(1-\cos\theta_m)$$

代入式（7-1），解方程得到

$$\frac{\sqrt{2}}{4}T = \sqrt{\frac{L}{g}}\int_0^{\theta_m}\frac{\mathrm{d}\theta}{\sqrt{\cos\theta-\cos\theta_m}} \tag{7-2}$$

式（7-2）中，T 为单摆的振动周期。

令 $k = \sin(\theta_m/2)$，并做变换 $\sin(\theta/2) = k\sin\varphi$，有

$$T = 4\sqrt{\frac{L}{g}}\int_0^{\pi/2}\frac{\mathrm{d}f}{\sqrt{1-k^2\sin^2 f}}$$

这是椭圆积分，经近似计算可得到

$$T = 2\pi\sqrt{\frac{L}{g}}\left[1+\frac{1}{4}\sin^2\left(\frac{\theta_m}{2}\right)+L\right] \tag{7-3}$$

在传统的手控计时方法下，单次测量周期的误差可达 $0.1\sim0.2\mathrm{s}$，而多次测量又面临空气阻尼使摆角衰减的情况，因此对式（7-3）只能考虑一级近似，不得不将 $\frac{1}{4}\sin^2\left(\frac{\theta_m}{2}\right)$ 项忽略。

如果在一固定点上悬挂一根不能伸长且无质量的线，并在线的末端悬挂一质量为 m 的质点，这就构成一个单摆。当摆角 θ_m 很小时（小于 $3°$），单摆的振动周期 T 和摆长 L 有如下近似关系

$$T = 2\pi\sqrt{\frac{L}{g}} \text{ 或 } T^2 = 4\pi^2\frac{L}{g} \qquad (7\text{-}4)$$

当然，这种理想的单摆实际上是不存在的，因为悬线是有质量的，实验中又采用了半径为 r 的金属小球来代替质点。所以，只有当小球质量远大于悬线的质量，且它的半径又远小于悬线长度时，才能将小球作为质点来处理，并可用式（7-4）进行计算。但此时必须将悬挂点与球心之间的距离作为摆长，即 $L=L_1+r$，其中 L_1 为线长。固定摆长 L，测出相应的振动周期 T，即可由式（7-4）求 g。也可逐次改变摆长 L，测量各相应的周期 T，再求出 T^2，最后在坐标纸上作 T^2-L 图。如果画出的是一条直线，说明 T^2 与 L 成正比。在直线上选取两点 P_1（L_1，T_1^2），P_2（L_2，T_2^2），由两点式求得斜率 $k=\dfrac{T_2^2-T_1^2}{L_2-L_1}$，再由 $k=\dfrac{4\pi^2}{g}$ 求得重力加速度，即

$$g = 4\pi^2\frac{L_2-L_1}{T_2^2-T_1^2}$$

三、实验仪器

FD-DB-Ⅱ 单摆实验仪如图 7-1 所示。实验仪器简图如图 7-2 所示。

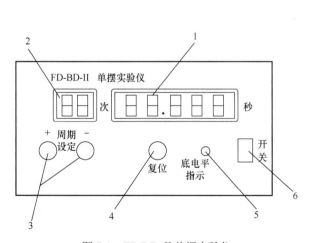

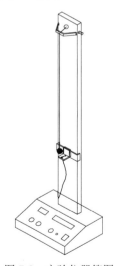

图 7-1　FD-DB-Ⅱ单摆实验仪　　　　　　图 7-2　实验仪器简图

1—计时显示；2—周期显示；3—周期设定；4—复位；
5—底电平指示；6—电源开关

四、实验步骤

1、连接好实验仪器。

2、调整摆长，使摆长 L=0.35m。

3、使摆角 $\theta<3°$，测量周期 T，重复测量 5 次。

4、改变摆长，重复步骤 2、3。

5、在坐标纸上作 T^2-L 图，求斜率 k。

6、求重力加速度 g。

五、实验记录及结果

1、摆角 $\theta<3°$，改变摆长，求得 g，填入表 7-1 中。

表 7-1　改变摆长，求得 g

L（m）	T（s）						T^2
	第一次	第二次	第三次	第四次	第五次	平均值	
0.35							
0.40							
0.45							
0.50							
0.55							

2、由表 7-1 中的数据作 T^2-L 图，并进行直线拟合，得斜率 k。

3、求重力加速度 $g=4\pi^2/k$。

实验八　三线摆法测转动惯量

一、实验目的

1、学习用三线摆法测量物体的转动惯量。验证相同质量的圆盘和圆环绕同一转轴扭转时，实验所得转动惯量不同，说明转动惯量与质量分布有关。

2、验证转动惯量的平行轴定理。

3、学习用激光光电传感器精确测量三线摆扭转运动的周期。

二、实验原理

转动惯量是物体转动惯性的量度。物体对某轴的转动惯量的大小，除与物体的质量有关外，还与转轴位置和质量的分布有关。正确测量物体的转动惯量，在工程技术中有着十分重要的意义。例如，正确测定炮弹的转动惯量，对炮弹命中率有着不可忽视的作用。机械装置中飞轮的转动惯量大小，直接对机械的工作有着较大影响。规则物体的转动惯量可以通过计算求得，但对几何形状复杂的刚体，计算则相当复杂。若用实验方法测定，就简便得多。三线摆就是通过扭转运动测量刚体转动惯量的常用装置之一。

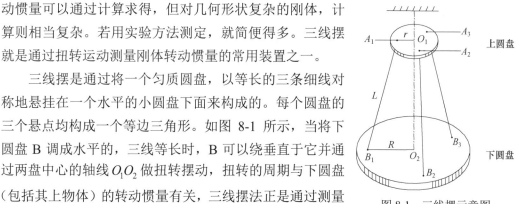

图 8-1　三线摆示意图

三线摆是通过将一个匀质圆盘，以等长的三条细线对称地悬挂在一个水平的小圆盘下面来构成的。每个圆盘的三个悬点均构成一个等边三角形。如图 8-1 所示，当将下圆盘 B 调成水平的，三线等长时，B 可以绕垂直于它并通过两盘中心的轴线 O_1O_2 做扭转摆动，扭转的周期与下圆盘（包括其上物体）的转动惯量有关，三线摆法正是通过测量它的扭转周期来求得已知质量物体的转动惯量的。

由推导可知，当摆角很小，三悬线很长且等长，悬线张力相等，上下圆盘平行，且只绕 O_1O_2 轴扭转时，下圆盘 B 对 O_1O_2 轴的转动惯量 J_0 为

$$J_0 = \frac{m_0 g R r}{4\pi^2 H} T_0^2 \tag{8-1}$$

式中，m_0 为下圆盘 B 的质量，r 和 R 分别为上圆盘 A 和下圆盘 B 上线的悬点到各自圆心 O_1 和 O_2 的距离（注意，r 和 R 不是圆盘的半径），H 为两盘之间的垂直距离，T_0 为下圆盘 B 扭转的周期。

若测量质量为 m 的待测物体对于 O_1O_2 轴的转动惯量 J，只须将待测物体置于下圆盘

上，设此时下圆盘扭转周期为 T ，对于 O_1O_2 轴的转动惯量为

$$J_1 = J + J_0 = \frac{(m+m_0)gRr}{4\pi^2 H}T^2 \qquad (8\text{-}2)$$

于是得到待测物体对于 O_1O_2 轴的转动惯量为

$$J = \frac{(m+m_0)gRr}{4\pi^2 H}T^2 - J_0 \qquad (8\text{-}3)$$

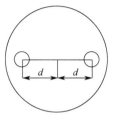

图 8-2　平行轴定理验证

上式表明，各物体对同一转轴的转动惯量具有相叠加的关系，这是三线摆法的优点。为了能够将测量值和理论值进行比较，安置待测物体时，要使其质心恰好和下圆盘 B 的轴心重合。

本实验还可验证平行轴定理。如把一个已知质量的圆柱体放在下圆盘中心，质心在 O_1O_2 轴，测得其转动惯量为 J_2 ；然后把其质心移动距离 d ，为了不使下圆盘倾翻，将两个完全相同的圆柱体对称地放在圆盘上，如图 8-2 所示。设两圆柱体质心离 O_1O_2 轴的距离均为 d（两圆柱体的质心间距为 $2d$）时，对于 O_1O_2 轴的转动惯量为 J_3 ，设一个圆柱体质量为 m ，则由平行轴定理可得

$$md^2 = \frac{J_3}{2} - J_2 \qquad (8\text{-}4)$$

将由此测得的 d 和用长度器实测的值进行比较，若在实验误差允许的范围内两者相等，则验证了转动惯量的平行轴定理。

三、实验仪器

新型转动惯量测定仪平台、米尺、游标卡尺、计数计时仪、水平仪。样品为圆盘、圆环及圆柱体三种。

为了尽可能地消除下圆盘除扭转振动之外的运动，三线摆上圆盘 A 可方便地绕 O_1O_2 轴做水平转动。测量时，先使下圆盘静止，然后转动上圆盘，通过三条等长悬线的张力使下圆盘随着上圆盘做单纯的扭转振动。

四、实验步骤

1、测定下圆盘对于 O_1O_2 轴的转动惯量 J ，并和理论值进行比较。理论值公式为

圆盘（或圆柱体）：$J = \frac{1}{8}mD^2$ （D 为直径）

圆环：$J = \frac{1}{8}m(D_{内}^2 + D_{外}^2)$

r 由实验室给出，或按图 8-3 所示求得

$$r = \frac{\sqrt{3}}{3}a$$

2、测圆环或圆盘对于 O_1O_2 轴的转动惯量 J ，并和理论值比较。

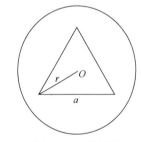

图 8-3　r 的测量

3、验证平行轴定理。

将两个直径为 D 的圆柱体放置在下圆盘上，使它们的间距为 $2d$，如图 8-2 所示，d 为圆柱体中心轴线与转轴之间的距离，两圆柱体中心连线通过转轴。测得 J_3 和 J_2，按式（8-4）计算 md^2 值，并与理论值进行比较。

五、实验记录及结果

将实验结果填入表 8-1～表 8-3 中。

表 8-1　各周期的测定

测 量 项 目		下圆盘质量 $M_0 =615.53$g	圆 环 质 量 $M_1 =235.05$g	两圆柱体总质量 $2M_2 =239.85$g	上圆盘质量 $M_3 =221.35$g
摆动周期数 n		20	20	20	20
20 周期总时间 $t(s)$	1				
	2				
	3				
	4				
	5				
平均值 $\bar{t}(s)$					
平均值周期 $T_i = \bar{t}/n$		$T_0 =$	$T_1 =$	$T_2 =$	$T_3 =$

表 8-2　上、下圆盘几何参数及其间距

测量项目		$D(cm)$	$H(cm)$	$a(cm)$	$b(cm)$	$R = \dfrac{\sqrt{3}}{3}\bar{a}(cm)$	$r = \dfrac{\sqrt{3}}{3}\bar{b}(cm)$
次 数	1						
	2						
	3						
平均值							

表 8-3　圆环、圆柱体几何参数

测量项目		$D_内(cm)$	$D_外(cm)$	$D_盘(cm)$	$D_{小柱}(cm)$	$D_槽(cm)$	$2d = D_槽 - D_{小柱}(cm)$
次 数	1						
	2						
	3						
平 均 值							

1、实验计算得转动惯量值：

$$J_0 = \frac{gRr}{4\pi^2 H}M_0 T_0^2 =$$

$$J_1 = \frac{gRr}{4\pi^2 H}(M_0 + M_1)T_1^2 =$$

$$J_2 = \frac{gRr}{4\pi^2 H}(M_0 + 2M_2)T_2^2 =$$

$$J_3 = \frac{gRr}{4\pi^2 H}(M_0 + M_3)T_3^2 =$$

$$J_{M_1} = J_1 - J_0 =$$

$$J_{M_2} = \frac{J_2 - J_0}{2} =$$

$$J_{M_3} = J_3 - J_0 =$$

2、理论计算值：

$$J_0' = \frac{1}{8}M_0 D_1^2 =$$

$$J_{M_1}' = \frac{1}{8}M_1\left(D_内^2 + D_外^2\right) =$$

$$J_{M_2}' = \frac{1}{8}M_2 D_{小柱}^2 + M_2 d^2 =$$

$$J_{M_3}' = \frac{1}{8}M_3 D^2_{大柱} =$$

3、误差分析：

下圆盘误差：$\dfrac{\left|J_0' - J_0\right|}{J_0'} =$

圆环误差：$\dfrac{\left|J_{M_1}' - J_{M_1}\right|}{J_{M_1}'} =$

小圆柱误差：$\dfrac{\left|J_{M_2}' - J_{M_2}\right|}{J_{M_2}'} =$

上圆盘误差：$\dfrac{\left|J_{M_3}' - J_{M_3}\right|}{J_{M_3}'} =$

六、思考题

1、试分析式（8-1）成立的条件。实验中应如何保证待测物转轴始终和 O_1O_2 轴重合？

2、将待测物体放到下圆盘（中心一致）测量转动惯量，其周期 T 一定比只有下圆盘时大吗？为什么？

实验九　刚体转动惯量的测定

一、实验目的

1、掌握用转动惯量仪测定物体转动惯量的方法。

2、掌握作用在刚体上的外力矩与刚体角加速度的关系，验证刚体定轴转动的转动定律。

3、掌握转动惯量与刚体的形状、质量、质量分布及转动轴位置的关系。

二、实验原理

转动惯量是描述刚体转动惯性大小的物理量，是研究和描述刚体转动规律的一个重要物理量。它不仅取决于刚体的总质量，而且与刚体的形状、质量分布及转动轴的位置有关。对于质量分布均匀、几何形状规则的刚体，可以通过数学方法计算出其绕给定转动轴的转动惯量。对于质量分布不均匀、几何形状不规则的刚体，则通常要用实验的方法来测定其转动惯量。实验时一般都使刚体以某一形式运动，通过描述这种运动的特定物理量与转动惯量的关系来间接地测定刚体的转动惯量。测定转动惯量的实验方法较多，如拉伸法、扭摆法、三线摆法等，本实验利用 JM-2 刚体转动惯量实验仪来测定刚体的转动惯量。

JM-2 刚体转动惯量实验仪由承物台（圆形）、绕线塔轮、遮光片和滑轮等组成，其结构如图 9-1 所示。承物台边缘相差 π 弧度的位置固定有两个遮光片，承物台每转动半圈遮光片遮挡一次光电门（只用一个光电门），光电门将产生一个计数光电脉冲，并由通用计算机式毫秒计记下时间和光电门被遮挡的次数。从第一次挡光（第一个光电脉冲发生）开始计时、计数，可以连续记录和存储多个脉冲时间。绕线塔轮上有三个不同半径的绕线轮，中间一个的半径为 2cm，相邻两个塔轮之间的半径相差 0.5cm。砝码钩上可以放置一定数量的砝码，重力矩作为外力矩。

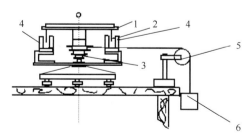

图 9-1　JM-2 刚体转动惯量仪结构图

1—承物台；2—遮光片；3—绕线塔轮；4—光电门；5—滑轮；6—砝码

承物台俯视图如图 9-2 所示。

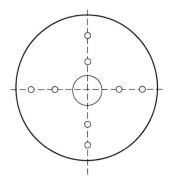

图 9-2　承物台俯视图

（一）匀角加速度的测量

若从第一次挡光（$k=0$，$t=0$）开始计起，此时承物台的角速度记为 ω_0。对于匀变速转动，测量得到任意两组数据（k_m，t_m）和（k_n，t_n），得角位移分别为

$$\theta_m = k_m\pi = \omega_0 t_m + \frac{1}{2}\beta t_m^{\ 2} \tag{9-1}$$

$$\theta_n = k_n\pi = \omega_0 t_n + \frac{1}{2}\beta t_n^{\ 2} \tag{9-2}$$

式中，β 为匀角加速度。从式（9-1）、式（9-2）中消去 ω_0，则可以得到

$$\beta = \frac{2\pi(k_n t_m - k_m t_n)}{t_n^{\ 2} t_m - t_m^{\ 2} t_n} \tag{9-3}$$

通过使用计算机式毫秒计记录光电门的遮挡次数和载物台（转台）旋转 $k\pi$ 弧度所经历的时间间隔，即可测得刚体定轴转动的匀角加速度。

（二）转动惯量的测量

根据刚体定轴转动的转动定律

$$M = J\beta \tag{9-4}$$

只要测定刚体定轴转动时所受的总合外力矩 M 以及刚体对应的角加速度 β，则可计算出该刚体的转动惯量 J。

设以某初始角速度转动的空承物台的转动惯量为 J_1，未加砝码时，在摩擦阻力矩 M_μ 的作用下，承物台将以角加速度 β_1 做匀角减速度运动，即

$$-M_\mu = J_1\beta_1 \tag{9-5}$$

将质量为 m 的砝码用细线绕在半径为 R 的承物台绕线塔轮上，并让砝码自然下落，系统在恒外力矩作用下将做匀角加速度运动。若砝码的加速度为 a，则细线给承物台的力矩为 $T=mg-ma$。若此时承物台的角加速度为 β_2，则有 $a=R\beta_2$，细线给承物台的力矩为 $TR=m(g-R\beta_2)R$，此时作用于承物台的合力矩为

$$m(g-R\beta_2)R - M_\mu = J_1\beta_2 \tag{9-6}$$

将式（9-5）代入式（9-6），消去 M_μ，可得

$$J_1 = \frac{mR(g-R\beta_2)}{\beta_2 - \beta_1} \tag{9-7}$$

同理，在承物台加上待测物体后，系统的转动惯量为 J_2，加砝码前后的角加速度分别为 β_3 和 β_4，则有

$$J_2 = \frac{mR(g-R\beta_4)}{\beta_4 - \beta_3} \tag{9-8}$$

由转动惯量的可加性可知，待测物体的转动惯量则为 $J_{待测}=J_2-J_1$。

（三）平行轴定理

设质量为 m 的物体围绕通过质心的转轴转动的转动惯量为 J_0，当转轴平行移动距离 d 后，绕新转轴转动的转动惯量为 $J = J_0 + \frac{1}{2}md^2$。$J$ 与 d^2 呈线性关系，实验中若测得此关系，则验证了平行轴定理。

（四）待测物体转动惯量 J 的理论值

设待测的圆盘质量为 m，半径为 r，则圆盘、圆柱体绕几何中心轴转动的转动惯量的理论值为

$$J = \frac{1}{2}mr^2 \tag{9-9}$$

设待测圆环质量为 m，内外半径分别为 $r_{内}$、$r_{外}$，则圆环绕几何中心轴转动的转动惯量的理论值为

$$J = \frac{m}{2}(r_{外}^2 + r_{内}^2) \tag{9-10}$$

三、实验仪器

JM-2 刚体转动惯量实验仪及附件，HMS-2 通用计算机式毫秒计（如图 9-3 所示）。

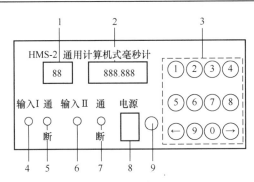

图 9-3　HMS-2 通用计算机式毫秒计面板

1—脉冲个数显示；2—计时时间显示；3—数字键与功能键；4—输入 I 口；5—输入 I 通断开关；6—输入 II 口；

7—输入 II 通断开关；8—电源开关；9—复位键

（一）JM-2 刚体转动惯量实验仪使用说明

1、用电缆线将光电门和 HMS-2 通用计算机式毫秒计相连，只接通一路（另一路备用）。

2、接通电源，HMS-2 通用计算机式毫秒计进入自检状态。8 位数码显示管同时点亮，闪烁 4 次后，仪器自检完毕。数码显示器显示：P　0164，显示的前两位为每组光电脉冲数，后两位为组数。表明制式为每组脉冲由一个光电脉冲组成，共有 64 组脉冲（均为系统默认值）。

3、如果无须对制式进行修改或已经修改完备，按"→"或"←"键进入工作等待状态。数码显示器显示：00 000000。

4、进入计时工作状态，输入第一个光电脉冲后开始计时和计数。

5、计时结束：当测量组数达到设定的组数时，数码显示器显示最后的次数和时间。

6、数据查询：每按一次"→"键，则组数递增一位，每按一次"←"键则递减一位。

7、按复位键或按两次"9"键，便可以进行下一次测量。

（二）相关参数

1、砝码的质量：m =50g+2×20g＋10g+5g。

2、塔轮的半径：R_1=1.5cm，R_2=2cm，R_3=2.5cm。

3、圆盘半径：r=10cm，质量标注在圆盘上。

4、圆环外半径：$r_{外}$=10cm，圆环内半径：$r_{内}$=8.6cm，质量标注在圆环上。

5、承物台上各孔中心距转轴的距离，由内到外分别为 5cm、7.5cm。

四、实验步骤

1、调节 JM-2 刚体转动惯量仪底角螺钉，使仪器处于水平状态。

2、用电缆将光电门与 HMS-2 通用计算机式毫秒计相连，只接通一路。若用输入 I

口输入，则该通段开关接通，输入Ⅱ口通段开关必须断开。

3、开启 HMS-2 通用计算机式毫秒计，使其进入计数状态。

4、测量空承物台的转动惯量。将选定的砝码钩挂线的一端打结，沿绕线塔轮上开的细缝塞入，再将线绕在中间的塔轮上，调节滑轮位置使绕线与台面平行。让砝码由静止下落，稳定状态时记下重力矩和摩擦力矩同时作用下的角加速度 β_2（取 5 组求平均值）；当砝码落地后，承物台开始在摩擦力矩的作用下做匀减速转动，记下此时的角加速度 β_1（取 5 组求平均值），由式（9-7）计算空承物台的转动惯量 J_1。

5、测量待测物体的转动惯量。在承物台上加上圆盘或圆环，测量角加速度 β_4、β_3，由式（9-8）计算圆盘或圆环的转动惯量 J_2。

6、已知空承物台的转动惯量 J_1，从而得到待测物体的转动惯量：$J_{待测}=J_2-J_1$。

7、利用式（9-9）、式（9-10）分别计算圆盘与圆环转动惯量的理论值，将测量值与理论值相比较，计算测量相对误差。

五、实验记录及结果

将实验结果填入表 9-1 中。

表 9-1 刚体转动惯量的测量

位置	β	1	2	3	4	5	$\overline{\beta}$	$\Delta\beta$	$\overline{J}$
空承物台	β_2								$\overline{J}_{空承物台}=$ ___
	β_1								
圆盘	β_4								$\overline{J}_{空承物台+圆盘}=$ ___
	β_3								
圆环	β_4								$\overline{J}_{空承物台+圆环}=$ ___
	β_3								

$\overline{J}_{圆盘}=\overline{J}_{空承物台+圆盘}-\overline{J}_{空承物台}=$ _____， $\Delta J_{圆盘}=\Delta J_{空承物台+圆盘}+\Delta J_{空承物台}=$ _____

$\overline{J}_{圆环}=\overline{J}_{空承物台+圆环}-\overline{J}_{空承物台}=$ _____， $\Delta J_{圆环}=\Delta J_{空承物台+圆环}+\Delta J_{空承物台}=$ _____

$J_{圆盘}=\overline{J}_{圆盘}\pm\Delta J_{圆盘}=$ _____， $J_{圆环}=\overline{J}_{圆环}\pm\Delta J_{圆环}=$ _____

$\delta_{圆盘}=\dfrac{\left|J_{圆盘测量}-J_{圆盘理论}\right|}{J_{圆盘理论}}\times100\%=$ _____， $\delta_{圆环}=\dfrac{\left|J_{圆环测量}-J_{圆环理论}\right|}{J_{圆环理论}}\times100\%=$ _____

六、思考题

1、本实验为什么可以不考虑滑轮的质量及其转动惯量？

2、本实验产生误差的主要原因是什么？

电学模块

实验十　电位差计测电池电动势

一、实验目的

1、掌握补偿原理。
2、学会用电位差计测电池电动势的方法。

二、实验原理

电源电动势在数值上等于电源开路时的路端电压，而后者无法直接用电压表（或万用表）进行准确测量，因为测量时电源本身已经被电压表接通，如图 10-1（a）所示，其中 r_0 为电池的内电阻，R_v 为电压表的内电阻。由于 r_0 上存在压降，因此用万用表测得的电压将低于电源电动势。

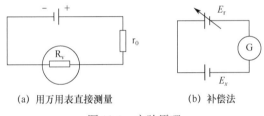

(a) 用万用表直接测量　　　　　　(b) 补偿法
图 10-1　实验原理

如果将待测电池（E_x）、标准电池（E_r）和检流计（G）连接成图 10-1（b）所示的电路，调节 E_r 的大小，当检流计 G 指示为零时，表示回路中无电流通过，即回路中两电源电动势大小相等，方向相反，电路达到补偿，通常称为补偿原理。电位差计就是利用补偿原理来测量电动势或电位差的。

取一根均匀的长电阻丝 AB，与电动势为 E_r 的标准电池及电动势为 E_x 的待测电池连接成图 10-2 所示的电路，图中 G 为检流计，R 为滑动变阻，其作用是调节通过检流计的电流，对 G 起分流保护作用。闭合开关 K_1，电阻丝 AB 中有电流通过，建立起电势差，A 点电势最高，向 B 方向逐渐降低，B 点电势最低。和 G 一端相连的是活动端 C，可以在 AB 上移动。由于 AB 是均匀的，因此 A、C 两点的电势差 V_{AC} 随着 A、C 间距 l 线性变化。如果将 K_2 拨向标准电池，则在接有 G 的回路里有两个电压同时作用：一个是 E_r，另一个是 A、C 两点的电势差，两个电压极性正好相反。流过 G 的电流就取决于 V_{AC} 和 E_r 的差，如果我们移动 C 点（改变 A、C 两点的电势差），使 G 的读数为零（设此时 C 点与 A 点之间的距离为 l_1），则此时 A、C 两点电势差 V_{AC1} 就等于 E_r；而 V_{AC1} 与此时 C 点到 A 点的距离 l_1 成正比。

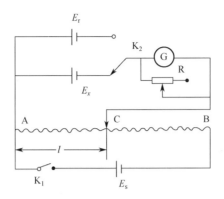

图 10-2　电位差计的电路示意图

$$E_r = V_{AC1} = IR_{AC1} = I\rho l_1 / S \tag{10-1}$$

式中，ρ 和 S 分别为电阻丝 AB 的电阻率和截面积，I 为流过电阻丝 AC（AB）的电流值。

接下来，将 K_2 拨向待测电池，这时流过 G 的电流由 E_x 和 V_{AC} 的差值决定，同样调节触点 C 的位置，使 G 的读数再次为零（设此时 C 点与 A 点之间的距离为 l_2），则这时 V_{AC2} 与 E_x 相等，因此有

$$E_x = V_{AC2} = IR_{AC2} = I\rho l_2 / S \tag{10-2}$$

将上式与式（10-1）相比较，可得

$$E_x = \frac{l_2}{l_1} E_r \tag{10-3}$$

这样，我们只要测量长度 l_1 和 l_2，就可以根据已知的电动势值 E_r 准确地求出待测电池的电动势 E_x。由直线电阻构成的这种仪器称为直线式电位差计。为了提高测量的准确性，电阻丝 AB 应加工得很均匀，且检流计要很灵敏。

三、实验仪器

标准电池、待测电池、开关、检流计、工作电池、可变电阻、直线式电位差计及导线等。

四、实验步骤

1、按图 10-2 连接电路。将工作电池的电动势 E_s 调为 3V，将可变电阻 R 调至较小电阻位置（可变电阻 R 起分流保护作用，当 V_{AC} 与被平衡电压（E_x、E_r）相差太大时，流过检流计的电流太大，为保护检流计，R 的阻值应调小。但为了提高灵敏度，须逐步增大可变电阻 R 的阻值，使电流大部分流过检流计）。

2、将 K_2 拨向标准电池，闭合 K_1，将 R 置于阻值比较小的位置。改变 C 点位置，使检流计读数为零，再增大 R 的阻值，调节 C 点的位置，使检流计读数为零，继续增大 R 的阻值直至最大，检流计读数仍被调为零，记下此时 C 点到 A 点的距离 l_1（注意：① 移

动 C 点时，要断开开关，以免损坏电阻丝；② 可变电阻 R 的阻值可取最小、中间、最大三个典型值）。

3、将 K_2 拨向待测电池，重复步骤 2，测出检流计读数为零时 C 点离 A 点的距离 l_2。

4、重复步骤 2、3，各测量 6 次 l_1 和 l_2，然后取平均值，并算出 Δl_1 和 Δl_2。

5、根据式（10-3），求出 $\overline{E}_x$ 及 ΔE_x。

五、实验记录及结果

将实验结果填入表 10-1 中。

表 10-1　实验结果

							E_r（标准）=	V
次数	1	2	3	4	5	6	$\overline{l}$	Δl
l_1（mm）								
l_2（mm）								

$\overline{E}_x=$ 　　　　　　$\Delta E_x=$ 　　　　　　$E_x = \overline{E}_x \pm \Delta E_x =$

六、思考题

1、工作电池的电动势 E_s 比待测电池的电动势 E_x 小时能否测量？

2、当 E_s 或 E_r 的极性接反时能否平衡，为什么？

3、E_s、E_x 或 E_r 有一个断路，会产生什么现象？

实验十一　RLC 串联电路交流电压测量

一、实验目的

测量交流电压并验证 RLC 串联电路的矢量关系。

二、实验原理

将电阻 R、电感 L、电容 C 接入图 11-1 所示的电路。变压器输入电压为 220V，输出电压为 15V。合上开关 K 后，如果我们用交流电压表依次测量 L、C、R 两端的电压并分别以 V_L、V_C、V_R 表示测量到的数值，那么我们将发现电压之代数和并不等于 A、D 两端的电压，而要比 A、D 两端的电压 V_{AD} 大（大于变压器 T 次级电压 15 V），即 $V_L + V_C + V_R > V_{AD}$。

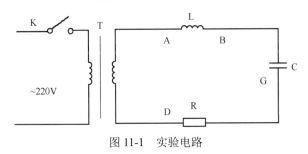

图 11-1　实验电路

这表明，在交流电路中，串联电路的总电压并不简单地等于分电压的代数和。为什么会出现这种情况呢？这是因为电压 V_L、V_C、V_R 之间有相位差。V_L 比 V_R 超前 $\pi/2$，而 V_C 比 V_R 滞后 $\pi/2$（详见本实验最后的提示），因此为了求出 V_L、V_C、V_R 三者之和（V_{AD}），必须用矢量加法（平行四边形法则），如图 11-2（a）所示。又由于所给的线圈不是纯电感线圈，它含有电阻 R′，因此应视为电阻 R′ 与线圈电感 L′ 的串联，所以总的矢量和应如图 11-2（b）所示。

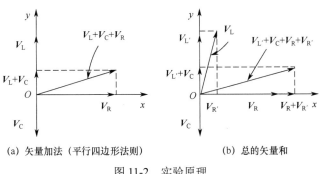

(a) 矢量加法（平行四边形法则）　　　(b) 总的矢量和

图 11-2　实验原理

本实验要求用交流电压表分别测得各元件上的交流压降，而后按矢量加法计算 V_{AD}，再作出过程矢量图。将求得的 V_{AD} 与电压表测得 V_{AD} 进行比较，从而验证 RLC 串联电路的矢量关系（注意：交流电压表的使用方法见附录 A）。

三、实验仪器

变压器、交流电压表（万用表），电感、电容、电阻各一只。

四、实验步骤

1、用万用表测量 R、R′ 的阻值。

2、连接电路，如图 11-1 所示。

3、用交流电压表分别测量电阻、电容、电感上的电压和 A、D 两端的电压 V_{AD}。

4、由各分电压计算其矢量和，算出电压 V_{AD}。

5、由各分电压数值用矢量图方法求出 V_{AD}（从图上量出 V_{AD} 的大小并按比例关系折算出 V_{AD} 的数值。）

6、对测量出的 V_{AD}、计算出的 V_{AD}、作图求出的 V_{AD} 进行比较，从而验证 RLC 串联电路中电压的矢量关系。

五、实验记录及结果

1、测量电压，填入表 11-1 中。

表 11-1 测量电压并计算相应结果

$R=$_____， R'（电感线圈电阻）=_____

电压（V）	次数					
	1	2	3	4	5	平均值
V_{AB}（V）						
V_{BG}（V）						
V_{GD}（V）						
V_{AD}（V）						

（1）计算 $I = \dfrac{V_{GD}}{R} =$_____。

（2）计算 $V_{R'} = IR' =$_____（$V_{R'}$ 为电感线圈的电阻上压降）。

（3）计算 $V_{L'} = \sqrt{V_{AB}^2 - (V_{R'})^2} =$_____（$V_{L'}$ 为电感线圈的纯电感压降）。

（4）计算 $V_{AD} = \sqrt{(V_{L'} - V_{BG})^2 + (V_{GD} + V_{R'})^2} =$_____。

（5）计算 $\varphi_1 = L(V_{AD}, I) = \arctan(V_{L'} - V_{BG})/(V_{GD} + V_{R'}) = $ _____。

2、在坐标纸上画出电压矢量图进行比较。

六、思考题

如果将电路接成图 11-3 所示的电路，试问这时电压 V_L 和电压 V_R 之间有没有相位差？这个相位差如何通过测量电压求出来。

请画出矢量图。

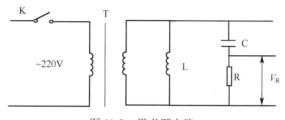

图 11-3　思考题电路

提示：由于 L 和 R、C 并联，V_L 和 V_{RC} 大小相等，相位相同，因此 $V_L = V_{RC}$。

$i = I_m \sin \omega t$

$V_R = iR = I_m R \sin \omega t$

$V_L = L\dfrac{\mathrm{d}i}{\mathrm{d}t} = \omega L I_m \cos \omega t = \omega L I_m \sin(\omega t + \dfrac{\pi}{2})$

$V_C = \dfrac{1}{C}\int i\mathrm{d}t = \dfrac{I_m}{\omega C}\int \sin \omega t \mathrm{d}\omega t = -\dfrac{I_m}{\omega C}\cos \omega t = \dfrac{I_m}{\omega C}\sin(\omega t - \dfrac{\pi}{2})$

实验十二　半导体热敏电阻温度测量

一、实验目的

1、掌握半导体热敏电阻温度测量方法。

2、了解不平衡电桥的工作原理。

二、实验原理

部分半导体元件的阻值对温度的变化非常敏感，其温度特性如图 12-1 所示，半导体的这种特性称为热敏特性，而这种半导体就称为热敏电阻。

热敏电阻在工农业生产、科研及医学等方面都有广泛的应用。本实验利用热敏电阻测温度，其测量电路如图 12-2 所示。

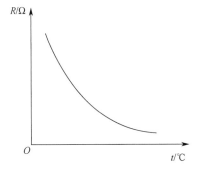

图 12-1　半导体元件温度特性

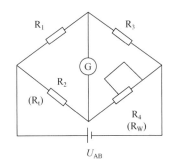

图 12-2　用热敏电阻测温度

图 12-2 中，R_t 为热敏电阻，R_W 为调平衡电位器，其取值对应于 R_t 在测温下限（t_1）时的阻值。R_1、R_3、R_W（R_4）和 R_t（R_2）构成不平衡电桥的四个臂。当 R_t 处在温度为 t_1 的环境中，而且 $R_1R_W=R_3R_t$ 时，电桥处于平衡状态，通过桥路中微安表的电流为零。此时若将热敏电阻 R_t（温度探头）置入温度为 t_2（$t_1 \neq t_2$）的环境中，则电桥失衡，微安表中将有电流 I_g 通过。电流 I_g 的大小与 R_t 有关，因此与温度 t 有关。如果将加在电桥上的工作电压固定，将失衡电流的数值转换成对应的温度值，该装置就称为热敏电阻温度计，医学上常用的半导体温度计就是根据这个原理设计而成的。

U_{AB} 为电源提供的工作电压，U_{AB} 越大，仪器灵敏度越高，流过 R_t 的电流越大（实验中限定 $U_{AB}<5V$），实际电路中常取 $R_1=R_3$，经推导得

$$I_g = \frac{(R_t - R_W)U_{AB}}{R_1(R_t + R_W) + 2R_tR_W + 2R_g(R_t + R_W)}$$

室温条件下，使电路处于电桥平衡状态，此时热敏电阻阻值与滑动变阻器阻值相同，即 $R_t = R_W$。若随后热敏电阻温度升高，热敏电阻阻值降低，电桥平衡被破坏，电流表指针发生偏转，电流与温度之间存在一定的响应关系。当电流表中流过的电流取值范围较小时（实验中为 100μA 以内），我们可近似认为电流与温度之间的关系为线性关系。

三、实验仪器

直流稳压电源，非平衡电桥测温仪，烧杯二个（或保温杯一个、烧杯一个），铜基热敏电阻一只，温度计一个。

四、实验步骤

1、将稳压电源的输出调至 2V 左右（注意：某些稳压电源必须先将输出电流旋钮略微打开，才会显示输出电压）后，才能接入实验电路。

2、按图 12-2 接线（电源极性不要接错，经教师检查无误后方可继续实验）。

3、调零及灵敏度，作电流–温度（I_g-t）曲线。

（1）在室温下调零：将探头置于室内空气中，待热平衡（数分钟）后，调节调平衡电位器 R_W 使电桥平衡（I_g=0μA），记录下此时对应的室温 t_1（或将热敏探头置于冰水混合物中 5 分钟后，调节 R_W 使电桥平衡（I_g=0μA），此时记录值对应的温度为 0℃）。

（2）将探头置于热水中，热平衡（5 分钟）后调节电源的输出电压（此时不能调节 R_W，实验中限定 U_{AB}<15V），使 I_g=100μA，测量并记录此时的水温 t_2（或将热敏探头置于 100℃热水中 5 分钟后，调节电源电压使 I_g=100μA，此时 I_g 与被测温度相对应）。用由步骤（1）、（2）所得的两点数据作 I_g-t 曲线。

4、温度测量：将适量冷水缓慢加入杯中，使水温降至 70℃左右开始记录读数（同时读取温度计温度和微安表电流读数），此后缓慢注入冷水。每隔 5℃左右做一次记录，直至 30℃。每次读数均应在热平衡后进行。

5、根据 I_g 读数，由 I_g-t 曲线查出与 I_g 相对应的温度值。

五、实验记录及结果

1、将实验结果填入表 12-1 中。

表 12-1　实验结果

I_g=0μA, t_1=				℃；I_g=100μA, t_2=			℃
n	1	2	3	4	5	6	7	8
温度计读数（℃）								
I_g（μA）								
I_g 对应温度（℃）								

注："I_g 对应温度"从 I_g-t 曲线上读取。

2、比较温度计读数与由 I_g - t 曲线上查出的相应温度值，对结果进行讨论。

六、思考题

1、实验过程中可否随意更换热敏电阻探头而不影响测量？

2、实验中我们默认 I_g - t 曲线为直线的理论依据是什么？

实验十三 霍尔效应

一、实验目的

1、了解霍尔效应实验原理及有关霍尔器件对材料要求的知识。

2、学习用对称测量法消除负效应的影响，测量试样的 V_H-I_s 和 V_H-I_M 曲线。

二、实验原理

霍尔效应从本质上讲是运动的带电粒子在磁场中受洛伦兹力作用而引起的偏转。当带电粒子（电子或空穴）被约束在固体材料中时，这种偏转就导致在垂直电流和磁场的方向上产生正负电荷的聚积，从而形成附加的横向电场，即霍尔电场。样品示意图如图 13-1 所示。对于图 13-1（a）所示的 N 型半导体样品，若在 x 方向上通以电流 I_s，在 z 方向上加磁场 B，试样中载流子（电子）将受洛伦兹力

$$F_B = e\overline{v}B \qquad (13\text{-}1)$$

则在 y 方向（即试样 A、A′电极两侧）上就开始聚积异号电荷而产生相应的附加电场（霍尔电场）。

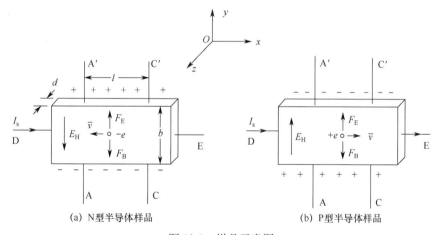

(a) N型半导体样品   (b) P型半导体样品

图 13-1 样品示意图

显然，该电场阻止载流子继续向侧面偏移，当载流子所受的横向电场力 eE_H 与洛伦兹力 $e\overline{v}B$ 相等时，样品两侧电荷的累积就达到平衡，故有

$$eE_H = e\overline{v}B \qquad (13\text{-}2)$$

式中，E_H 为霍尔电场，$\overline{v}$ 是载流子在电流方向上的平均漂移速度。

设试样的宽为 b，厚度为 d，载流子浓度为 n，则

$$I_s = ne\bar{v}bd \tag{13-3}$$

由式（13-2）、式（13-3）可得

$$V_H = E_H b = \frac{1}{ne}\frac{I_s B}{d} = R_H \frac{I_s B}{d} \tag{13-4}$$

即霍尔电压 V_H（A、A′电极之间的电压）与 $I_s B$ 成正比，与试样厚度 d 成反比。比例系数 $R_H = \dfrac{1}{ne}$ 称为霍尔系数，它是反映材料霍尔效应强弱的重要参数，只要测出 V_H（单位：V）以及知道 I_s（单位：A）、B（单位：Gs）和 d（单位：cm）可按下式计算 R_H（单位：cm³/C）

$$R_H = \frac{V_H d}{I_s B} \times 10^8 \tag{13-5}$$

式中，10^8 是由于磁感应强度 B 采用电磁单位 Gs 而其他各量均采用国际通用单位制式（CGS）而引入的。

三、实验仪器

霍尔实验组合仪。

四、实验步骤

按图 13-2 连接测试仪和实验仪之间相应的 I_s、V_H 和 I_M 各组连线，I_s 及 I_M 换向开关投向上方，表明 I_s 及 I_M 均为正值（I_s 沿 x 方向，B 沿 z 方向），反之为负值。V_H、V_O 换向开关投向上方时测 V_H，投向下方时测 V_O（样品各电极及线包引线与对应的换向开关之间连线已由制造厂家连接好）。

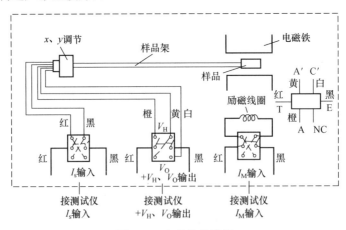

图 13-2　实验仪接线图

注意：严禁将测试仪的励磁电源"I_M 输出"误接到实验仪的"I_s 输入"或"V_H、V_O 输出"处，否则一旦通电，霍尔器件就会损坏。

为了准确测量，应先对测试仪进行调零，即将测试仪的"I_s调节"和"I_M调节"旋钮均置于零位。若开机数分钟后V_H显示不为零，可通过面板左下方小孔的"调零"电位器实现调零。

五、使用说明

1、测试仪的供电电源为交流220V，50Hz的电源，电流进线为单相三线。

2、电源插座和电源开关均安装在机箱背面，保险丝额定电流为0.5A，置于电源插座内。

3、样品各电极及线包引线与对应的换向开关之间的连线已由厂家连接好，见实验仪上的图示说明。

4、测试仪面板上的"I_s输出""I_M输出""V_H、V_O输入"三对接线柱应分别与实验仪上的三对相应的接线柱正确连接。

5、仪器开机前应将"I_s调节""I_M调节"旋钮逆时针方向旋转到底，使其输出电流趋于零，然后开机。

6、"V_H、V_O"换向开关应始终保持闭合状态。

7、仪器接通电源后，预热数分钟后即可进行实验。

8、"I_s调节"和"I_M调节"旋钮分别用来控制样品工作电流和励磁电流的大小，其电流随旋钮向顺时针方向转动而增加，细心操作，调节的精度分别可达10μA和1mA。获取I_M和I_s读数可通过按下或松开"测量选择"键来实现。按下键测I_M，松开键测I_s。

9、关机前，应将"I_s调节"和"I_M调节"旋钮逆时针方向旋转到底，使其输出电流趋于零，再切断电源。

六、实验记录及结果

1、绘制V_H-I_s曲线。

将实验仪的"V_H、V_O"换向开关投向V_H侧，测试仪的"功能切换"挡置V_H。保持I_M值不变（取$I_M=0.6\,\text{A}$），绘制V_H-I_s曲线，记入表13-1中。

I_s取值：1.00～4.00mA。

表13-1　$I_M=0.6$A的实验结果

I_s（mA）	V_1（mV）	V_2（mV）	V_3（mV）	V_4（mV）	$V_H = \dfrac{V_1 - V_2 + V_3 - V_4}{4}$　（mV）
	$+I_s$、$+B$	$+I_s$、$-B$	$-I_s$、$-B$	$-I_s$、$+B$	
1.00					
1.50					
2.00					
2.50					
3.00					
4.00					

2、绘制 V_H-I_M 曲线。

实验仪及测试仪各开关位置同上，保持 I_s 值不变（取 I_s =3.00mA），绘制 V_H-I_M 曲线，记入表 13-2 中。

I_M 取值：0.3～0.8A。

表 13-2　　I_s =3mA 的实验结果

I_M（A）	V_1（mV）	V_2（mV）	V_3（mV）	V_4（mV）	$V_H = \dfrac{V_1 - V_2 + V_3 - V_4}{4}$ （mV）
	$+I_s$、$+B$	$+I_s$、$-B$	$-I_s$、$-B$	$-I_s$、$+B$	
0.3					
0.4					
0.5					
0.6					
0.7					
0.8					

3、作 V_H-I_s 曲线，从图上求出斜率（注意斜率的单位）。

4、求样品的 $|R_H|$ 值。B 的大小与 I_M 的关系由厂家给定并标明在线包上，即式（13-5）中的 B 应由线包上标明的数值与 I_M 相乘得到。样品材料为 N 型半导体硅单晶片，样品的几何尺寸为

厚度 d=0.05cm　　　宽度 b=4.0mm　　　A、C 电极间距 l=3.0mm

$B = K \times I_M \times 10^3 \text{Gs}$（$K$ 为线包上标明的数值）

实验十四　声速的测定

一、实验目的

学会用共振干涉法测定空气中的声速。

二、实验原理

当压电发射头接入一个正弦电信号时，它便按该信号的频率做机械振动，从而推动空气分子振动产生平面超声波。接收头固定于螺旋测微移动头上，作为声波的接收器和反射面，当它接收到超声振动后，便将机械振动转换为电信号，并在示波器上显示出来。

共振干涉法：发射器发射出一定频率的平面声波，经空气传播到达接收器，入射波在接收器平面上垂直反射，入射波与反射波相互干涉形成驻波。接收面处为位移的波节、声压的波腹。当发射器与接收器之间的距离 l 等于半个波长的整数倍时，空气中形成稳定的驻波共振现象，此时驻波幅度达到极大值，同时接收面上声压波腹也相应达到极大值。显然，若保持发射器静止，在移动接收器过程中，相邻两次达到共振状态时接收器移动的距离为 $\lambda/2$，由此距离可求得驻波波长 λ，再用 $U=f\lambda$ 计算声速。

声波方程：

$$S = A\cos 2\pi\left(\frac{t}{T} - \frac{x}{\lambda}\right)$$

驻波方程：

$$S = 2A\cos 2\pi\frac{x}{\lambda}\cos 2\pi\frac{t}{T}$$

在波节 $x = (2k+1)\dfrac{\lambda}{4}$（$k$=0，±1，±2，…）处，有

$$S=0（此时静止不动）$$

根据声压

$$P = \rho\omega uA\cos[\omega(\frac{t}{T} - \frac{x}{\lambda}) + \frac{\pi}{2}]$$

可知在波节处声压达最大值。示波器上检测到的即为声压信号。

在检测时，测量两次相邻声压极大值之间的距离，该距离即 $\lambda/2$，再由 $U=f\lambda$ 求得声速。

在理想气体中，声速 U 与温度 t 有密切关系

$$U = U_0 \sqrt{1 + \frac{t}{273.15}}$$

U_0 为 0℃时的声速，t 为以℃为单位的温度。

三、实验仪器

SW-1 型声速测量仪（如图 14-1 所示）、低频信号发生器、示波器、温度计等。

仪器描述：SW-1 型声速测量仪由发射头（压电转换）、接收头（压电转换）、螺旋测微手轮等组成。压电换能系统主要部件是压电转换片，其端面为平面。本实验中压电转换片的谐振频率平均值为 35～45kHz，具体以仪器上的数字为准。

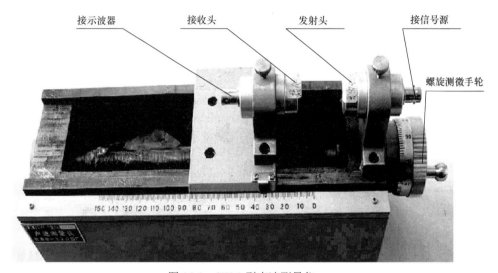

图 14-1　SW-1 型声速测量仪

四、实验步骤

1、用屏蔽信号线按图 14-1 分别接入信号源和示波器（y 轴端），开启信号发生器。

2、选定信号源波形为正弦波，频率与声速测量仪上的频率一致，调节电压为 1.5V，并保持电压信号不变，交流信号源稳定 5 分钟左右。

3、开启示波器，调整频率旋钮及幅度旋钮，此时可看到正弦波形（在示波器上尽可能调大幅度）。

4、转动螺旋测微手轮，在示波器上可以看到振幅的变化。

5、转动螺旋测微手轮使接收头约处在刻度线 5mm 位置上。继续转动手轮，使接收头离开发射头，并依次记下示波器上振幅取极大值时接收头的位置。

五、实验记录及结果

将实验结果填入表 14-1 中。

表 14-1　实验结果

取极大值次数	1	2	3	4	5	6	7	8	9	10
位置（mm）										
相邻间隔(mm)										

$f=$ _____ kHz　　温度 $t=$ _____ ℃

求得相邻间隔的平均值 $\bar{d}=$ 　　　　$\Delta d=$

计算出测量的声速 $\bar{U}$ 和 ΔU，并用 $\bar{U} \pm \Delta U$ 来表示。

计算实际的声速 U，求 U 与 $\bar{U}$ 的相对误差：

$$\eta = \left| \frac{U - \bar{U}}{U} \right| \times 100\%$$

六、思考题

实验测得声波在空气中的传播速率是否与所选频率有关？为什么？

实验十五　交流电桥测量阻抗

一、实验目的

1、了解交流电桥原理。
2、掌握交流电桥平衡的调节方法。

二、实验原理

直流电桥是测量电阻的基本方法之一。但在医学及工业上，常遇到要测量交流阻抗的情况，如电容和电阻的并联或串联的等效阻抗。这时不能用直流电桥，而需要用交流电桥来测量。交流电桥的基本结构和直流电桥一样，也是由四个桥臂构成的，如图 15-1 所示。

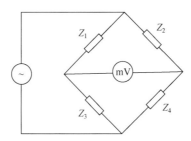

图 15-1　交流电桥的基本结构

但这里的 $Z_1 \sim Z_4$ 是交流阻抗，不是纯电阻，所加的电源是交流电源 $\sim$，指示器 mV 则是示波器或晶体管毫伏表等。

交流电桥平衡时（没有电流流过指示器，指示器两端电压为零）符合平衡条件

$$\frac{Z_1}{Z_3} = \frac{Z_2}{Z_4} \qquad 或 \qquad Z_1Z_4 = Z_2Z_3 \qquad （15-1）$$

这个条件和直流电桥的平衡条件类似，但因为 $Z_1 \sim Z_4$ 均是复数，所以式（15-1）实际上包含着两个条件：Z_1Z_4 的幅值和 Z_2Z_3 的幅值相等，Z_1Z_4 的相位和 Z_2Z_3 的相位相等，或者 Z_1Z_4 的实数部分和 Z_2Z_3 的实数部分相等，Z_1Z_4 的虚数部分和 Z_2Z_3 的虚数部分相等。既然平衡条件有两个，那么要使交流电桥平衡就必须调节两个不同的元件，不像直流电桥，只要调节一个电阻就可达到平衡。

交流电桥的四个桥臂不是任意搭配就可以达到平衡的，例如，当 Z_1 和 Z_4 都是纯电阻，即都是实数时，由于 Z_1Z_4 是实数，相位为零，因此 Z_2Z_3 也必须是实数。所以 Z_2 和

Z_3 必须是电抗性质相反的元件，如果一个是容性的，那么另一个必须是感性的，否则就不能使电桥平衡。

交流电桥的四个桥臂有不同的组合，医学中常用的是一种称为容性桥（Schering 桥）的结构，如图 15-2 所示。其平衡条件为

$$R_x = \frac{C_1}{C_2} R_4 \tag{15-2}$$

$$C_x = \frac{R_2}{R_4} C_1 \tag{15-3}$$

R_x、C_x 为待测阻抗，R_2、R_4（$R_4 = R_4' + R_4''$）为可调电阻，由式（15-2）可知，要达到平衡，必须反复调节 R_2 和 R_4［调节 R_2（或 R_4），使指示器读数最小，再调节 R_4（或 R_2），使指示器读数进一步减至最小。接着调节 R_2（或 R_4），使指示器读数再减至最小，然后调节 R_4（或 R_2）……直至无论如何调节 R_2、R_4 都不能使指示器读数进一步减小为止］。

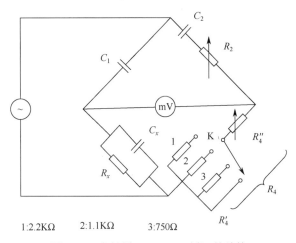

图 15-2　容性桥（Schering 桥）的结构

三、实验仪器

实验电路如图 15-2 所示，C_1、C_2、R_2、R_4 为桥路的已知臂，装在塑料盒内。C_x、R_x 为待测臂，接在塑料盒外面相应的接线柱上。R_2 为 1kΩ 的多圈电位器，作为可调电阻，它和普通电位器不同的地方是其旋转 10 圈才改变 1kΩ，因此调节非常精细，但比较易坏，不能调节过头。R_4 由 R_4' 和 R_4'' 串联而成。R_4' 分四挡，0Ω、750Ω、1.1kΩ 及 2.2kΩ，R_4'' 为 1kΩ 的多圈电位器，将开关 K 置于不同位置，可使 R_4 在 0kΩ～3kΩ 范围内连续可调。～ 可为自制振荡器（输出交流电压），频率为 1kHz 左右，幅度可调。mV 为晶体管毫伏表（或示波器），可测量 0.1mV～300V 的 20Hz～1MHz 交流电压，分 11 挡可调，是一种很灵敏的测量交流电压的仪器，使用时必须小心。开始时，量程一定要放在大于所测电压可能达到的最大值的一挡，随着测量电压的减小，再逐渐把量程拨小，否则会

损坏该仪器。

另外，1kΩ 多圈电位器的转轴上带有长短两枚指针，转轴转一圈，长针跟着转一圈，一圈分成 10 大格和 50 小格（标在外圈上），故长针每顺时针转过一小格，相当于阻值增加 2Ω。长针转一圈，短针则转过一格（标在内圈上）。因此，如果长短针的位置为短针在 2、3 之间，且长针转过 20 小格（4 大格），则对应的电阻为 240Ω。如果是 1.5kΩ 多圈电位器，则按上述方法再乘以 1.5 即为真实数值。

四、实验步骤

1、按图 15-2 接好电路。

2、将晶体管毫伏表的量程置于 30V 挡（因为振荡器的最大电压约为 10V）。

3、插上晶体管毫伏表和振荡器的电源，将振荡器幅度调到适当大小，待晶体管毫伏表指针稳定后，反复调节 R_2 及 R_4（先调节开关 K，再调节 R_4'' 电位器）使读数最小。调节时，当晶体管毫伏表读数小于其下一挡量程时，将量程拨到下一挡量程继续调节，直至电桥平衡。

4、由于存在外界的干扰，因此平衡时毫伏表的读数并不一定为零，只要达到最小即可。

5、记下电桥平衡时 R_2 及 R_4（固定电阻+多圈电位器阻值）的值。按式（15-2）、式（15-3）计算 R_x 及 C_x，重复测量 5 次，求其平均值及误差。

五、实验记录及结果

将实验结果填入表 15-1 中。

表 15-1 实验结果

次数	R_2（Ω）	R_4'（Ω）	R_4''（Ω）	R_4（Ω）
			$C_1=$	$C_2=$
1				
2				
3				
4				
5				
平均值				
标准误差				

$$\overline{R}_x = \frac{C_1}{C_2}\overline{R}_4 = \qquad \qquad \Delta R_x = \frac{C_1}{C_2}\Delta R_4 =$$

$$\overline{C}_x = \frac{\overline{R}_2}{\overline{R}_4}C_1 = \qquad \qquad \frac{\Delta C_x}{C_x} = \frac{\Delta R_2}{\overline{R}_2} + \frac{\Delta R_4}{\overline{R}_4} =$$

将结果表示为

$$R_x = \overline{R}_x \pm \Delta R_x = \qquad\qquad C_x = \overline{C}_x \pm \Delta C_x =$$

六、思考题

1、为什么交流电桥中需要有两个可调元件，而直流电桥中只需一个？

2、要使电桥平衡，为什么要反复调节 R_2 及 R_4，而不能一次调好？

3、振荡器的幅度大小和测量结果有什么关系？

4、一个人测量时，将晶体管毫伏表置于 30V 挡且不再改变。只调节 R_2、R_4，当读数达到最小时，就认为电桥已经平衡，这样行吗？对测量结果有什么影响？

光学模块

实验十六　偏振光（马吕斯定律的验证）

一、实验目的

1、了解起偏器、检偏器的性质。
2、验证马吕斯定律。

二、实验原理

若将两片偏振片 P 和 A 依次放在光轴上（P 和 A 偏振化方向的夹角为 θ），在 P 前方放一白炽灯 S，如图 16-1 所示，则光源 S 发出的自然光经 P（起偏器）后，成为沿 P 方向的线偏振光，其电矢量为 $\boldsymbol{E}_0$。此光线经 A（检偏器）时，其电矢量可分解成平行 A 方向的分量 $\boldsymbol{E}_1$，和垂直于 A 方向的分量 $\boldsymbol{E}_2$，并且

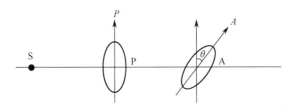

图 16-1　实验原理

$$E_1 = E_0 \cos\theta \qquad\qquad E_2 = E_0 \sin\theta$$

因此只有 $\boldsymbol{E}_1$ 分量才能通过 A，而光强和电矢量振幅平方成正比，因此通过 A 的光强 I 和射到 A 上的光强 I_0 之间有如下关系

$$\frac{I}{I_0} = \frac{E_1^2}{E_0^2} = \cos^2\theta$$

或

$$I = I_0 \cos^2\theta$$

这个公式称为马吕斯定律，本实验的任务就是具体地验证此定律。

三、实验仪器

支架、转盘、白炽灯（作为光源）、微安表、放大器、电压表、电源（直流）、偏振片及硒光电池（注意：硒光电池与两片偏振片已装在一起）。

实验仪器如图 16-2 所示，检偏器 A 被固定在支架上，其后为一个硒光电池，硒光电池受光照后，就有电流输出，而且在外接电阻很小时，其输出电流和光强成正比，故可根据输出的电流指示光强。如果将硒光电池的输出端接至放大器输入端，则其外接电

阻接近于零。硒光电池输出的电流经放大器放大后正比于电压表测量到的电压值，即电压表所测的电压值正比于光强。如果将硒光电池输出端直接接到微安表上，由于微安表有较大的内阻 R（约 1kΩ），因此只有在光强很小时，光电流才和光强成正比。当光强较大时，光强增大所引起的光电流的增大会减少，甚至不变，这种现象称为饱和。因此实验中应将光电池接到放大器的输入端，经放大器后再用电压表测量输出电压。但为了加深对光电池正确使用的理解，本实验中既通过放大器测量，也通过微安表直接测量，观察实验结果有什么不同。起偏器 P 固定在转盘上，转盘可以相对于支架转动，它的上面还有一个刻度盘，可以读出相对于支架转动的角度。光源 S 和 P、A 及硒光电池等同轴。

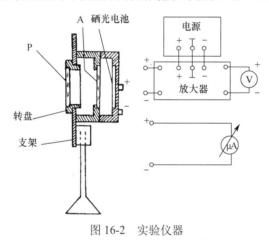

图 16-2　实验仪器

四、实验步骤

1、点亮光源，将放大器两输入端接在硒光电池两输出端上（注意表头极性，硒光电池中心接正端）。转动转盘（起偏器），使电压表显示最大电压值，确定转盘刻度处于 0°位置。移动装有偏振片、硒光电池的支架，使电压表最大初始值 V_0 适宜（取 2.5V，即初始光强大小）。

2、记下电压表最大值的读数和此时转盘刻度（算作 0°），然后每转过 10°读一次电压表读数 V_1，直到电压值为零。再继续朝同一方向转动转盘，仍旧每转过 10°读一次电压值 V_2，直到电压值最大。

3、将微安表两端直接接在硒光电池两端，调节 I_0 大小至适宜值（50.0μA），重复以上步骤，分别记下 I_1 及 I_2 数值。

4、关掉电源，取下偏振片及硒光电池。

5、根据对应于 θ 的电压及电流平均值和 $\cos^2\theta$ 作图，验证马吕斯定律。

注意实验过程中保持偏振片、光源位置固定。

五、实验记录及结果

将实验结果填入表 16-1 中。

表 16-1　实验结果

θ	0°	10°	20°	30°	40°	50°	60°	70°	80°	90°
$\cos^2\theta$	1.000	0.970	0.883	0.750	0.587	0.413	0.250	0.117	0.031	0.000
V_1										
V_2										
$\overline{V}$										
I_1										
I_2										
$\overline{I}$										

六、思考题

1、由于偏振片质量不够好，当 A 方向和 P 方向垂直时，仍旧有部分光线通过 A；另外，光电池在没有光照时，也有一点微弱的电流（称为暗电流），因此实验时，硒光电池的光电流可能始终不能为零。若发生这种情况应如何处理实验数据？

2、实验过程中，电压表或微安表的指针时常晃动，是因为什么？

3、实验发现使用放大器比直接使用微安表所得到的结果要准确得多，为什么？

实验十七　分光计法测定三棱镜的折射率

一、实验目的

1、熟悉分光计的构造。
2、用分光计来测定三棱镜的顶角及最小偏向角。
3、利用三棱镜的顶角和最小偏向角计算三棱镜的折射率。

二、实验原理

（一）三棱镜折射率与顶角 A 和最小偏向角 d 的关系

图 17-1 所示为三棱镜的主截面，A 为三棱镜的顶角，令入射棱镜的光线与出射棱镜的光线均处于主截面内，入射棱镜的光线与出射棱镜的光线之间的夹角为 δ，称为偏向角。入射角与折射角的表示方法如图中所示。

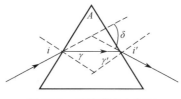

图 17-1　三棱镜的主截面

根据几何关系可得偏向角

$$\delta = (i - \gamma) + (i' - \gamma') \tag{17-1}$$

又有

$$A = \gamma + \gamma' \tag{17-2}$$

因此有

$$\delta = i + i' - A \tag{17-3}$$

上式表明，对于给定的顶角 A，偏向角 δ 随入射角 i 而变化。由实验可知，在偏向角 δ 随 i 的改变过程中，对于某一 i 值，偏向角有最小值 d，称为最小偏向角。可以证明，产生最小偏向角的充要条件为

$$i = i' \text{ 或者 } \gamma = \gamma' \tag{17-4}$$

在此情况下，有

$$n = \frac{\sin \dfrac{d + A}{2}}{\sin \dfrac{A}{2}} \tag{17-5}$$

（二）测量三棱镜的顶角及最小偏向角

测量顶角 A：如图 17-2 所示，一束平行光对准顶角 A 入射到棱镜表面，入射的光束由棱镜的两个面 AB 和 AC 反射。反射时，入射角等于反射角，同时利用平行线的几何知识可知，$\theta_2-\theta_1=2(\alpha+\beta)=2A$。因此只要分别观察来自 AB 面及 AC 面的反射光束，并测定 θ_1 和 θ_2，即可得顶角 A。

测量最小偏向角 d：如图 17-3 所示，当一束平行光经过三棱镜时，在 AB、AC 两个面上将会发生折射，使得入射光线发生偏转，出射光线和入射光线之间的偏转角度 δ 就是偏向角。如前所述，偏向角的大小和光线与 AB 面的入射角有关。对一确定的三棱镜（折射率不变），改变入射角可使偏向角得到一极小值 d。在入射平行光方向不变的条件下，我们可以通过转动三棱镜来改变入射角。在转动三棱镜的同时，观察出射光线的偏转方向，使其向入射光线方向偏转（也就是向减小偏向角的方向偏转）。当我们转动棱镜到出射光线最靠近入射光线时，出射光线与入射光线间的夹角就是最小偏向角 d。

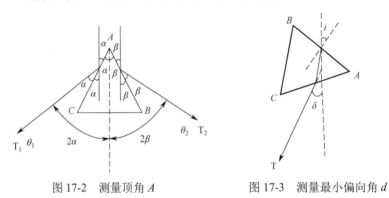

图 17-2　测量顶角 A　　　　　　　图 17-3　测量最小偏向角 d

测得顶角 A 和最小偏向角 d 后，将数值代入式（17-5），就可求出材料的折射率 n。

（三）仪器介绍

分光计如图 17-4 所示，其主要功能模块分为三部分。

1、平行光管系统。由狭缝及平行光管组成，其主要功能就是产生平行光。狭缝的宽度可以由螺钉调节，狭缝位置可以由调焦手轮进行前后调节。入射光源发出的光经过狭缝进入平行光管，我们通过调节调焦手轮，令狭缝处于平行光管的焦平面上，使得从平行光管射出的光为平行光。

2、望远镜系统。主要由目镜及物镜组成，在物镜及目镜之间有一十字叉丝。调节目镜调节手轮使之处于物镜的焦平面上，并调节目镜使之聚焦在叉丝上，这样从平行光管射出的光束能够成像于叉丝同一平面上，从而便于目镜观察。

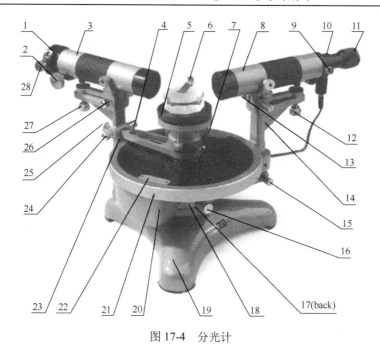

图 17-4　分光计

1—狭缝；2—调焦手轮；3—平行光管；4—制动架（二）；5—载物台；6—载物台锁紧螺钉；7—载物台调平螺钉（三颗）；8—物镜；
9—目镜锁紧螺钉；10—目镜调节手轮；11—目镜；12—望远镜光轴高低调节螺钉；13—望远镜光轴水平调节螺钉；
14—支臂；15—望远镜微调螺钉；16—转座与角度止动螺钉；17—望远镜止动螺钉；18—制动架（一）；
19—底座；20—转座；21—刻度盘；22—游标盘；23—立柱；24—游标盘微调螺钉；25—游标盘止动螺钉；
26—平行光管水平调节螺钉；27—平行光管高低调节螺钉；28—狭缝宽度调节螺钉

3、载物台。其上可放置三棱镜或其他器件，望远镜、平行光管及载物台均可绕垂直于刻度盘的中心轴线旋转，且望远镜及平行光管与此轴线垂直。

载物台可由锁紧螺钉固定，刻度盘则可由止动螺钉固定。要旋转它们，必须先松开这些螺钉。当锁紧止动螺钉时，调节微调螺钉，可以微调刻度盘。

分光计的刻度盘上有 360°的刻度，最小分度为 0.5°，即 30′，其旁附有游标。刻度盘随望远镜绕轴转动，游标上有 30 个分度，其总长与圆盘上的 29 分度总长相等，所以游标上每一分度与刻度盘上每一分度的差是 1′。读数时，先读游标零线在刻度盘上的位置（度数部分），再读游标上与刻度盘上某一刻度相重合的分度（分数部分），此二数相加即表示望远镜的位置。例如，图 17-5 所示游标的零线在 38.5°与 39°之间，游标上第 23 分度与刻度盘上的刻度重合，故此时望远镜的位置应为 38°53′。

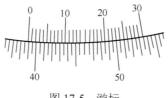

图 17-5　游标

因为刻度盘有两个游标，且两个游标度数不同，所以实验中我们需用同一个游标的示数作为标准。

三、实验仪器

分光计、三棱镜和钠灯。

四、实验步骤

（一）仪器准备

望远镜目镜和物镜之间有一分划板，如图 17-6 所示。在实验过程中读取角度时，我们需要令分划板的十字叉丝与狭缝像重合从而确定狭缝像的角度。为了获取清晰的狭缝像，我们首先要对仪器进行准备工作。将望远镜系统与平行光管对齐，通过目镜观察狭缝像和分划板的十字叉丝。调节平行光管的调焦手轮和目镜调节手轮可以将狭缝像和十字叉丝调节清晰。同时为了读取角度方便，在保证狭缝像和十字叉丝清晰的前提下，旋转狭缝和目镜使其处于竖直放置。为了保证狭缝像位于目镜视场的中心，可以调节望远镜光轴高低调节螺钉和平行光管高低调节螺钉，将平行光管和望远镜调节到同一水平线上。

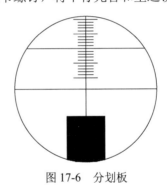

图 17-6　分划板

（二）求三棱镜的顶角 A

1、如图 17-7 所示，置棱镜 P 于载物台上，并在棱镜上选定顶角（注意：两个光滑表面的夹角为顶角）。为了测量方便，将顶角放置于载物台圆心处并对准平行光管，点亮钠灯 L，以照亮狭缝。

2、略微展开狭缝：旋转望远镜，并观察自棱镜其中一个光滑表面所反射的狭缝像。然后将狭缝关小，再转动望远镜，使其十字叉丝中的竖直线与狭缝像重合。这时望远镜位于如图 17-7 所示的 T_1 处，可由分光计刻度盘上的一个游标读得示数，即 θ_1。

3、转动望远镜观察来自另一光滑表面所反射的狭缝像，即如图 17-7 所示的 T_2 位置。再从游标尺上读得示数，即 θ_2，$|\theta_2 - \theta_1|$ 就是望远镜自 T_1 位置转至 T_2 位置的角度，将其除以 2，即等于三棱镜的顶角 A。重复实验两次，求其平均值，即为 A 的值。

注意：从 T_1 位置转到 T_2 位置时，若一游标跨过 0°线，则此时 T_1、T_2 间的夹角应等于 $360°-|\theta_2-\theta_1|$。

（三）求钠光的最小偏向角

1、将棱镜底边靠近载物台边缘，顶角 A 同样放置于载物台圆心处，并使棱镜的底边与平行光管入射光方向夹角为锐角（如图 17-8 中的实线所示，先令底边在观察者的左面），稍展开狭缝，在望远镜中寻找狭缝像。找到狭缝像后，将载物台左右旋转，使载物台向使偏向角减小的方向转动，也就是使狭缝像向平行光管入射光线方向转动（此处是向右转动）。当载物台继续向该方向旋转至一定位置后，再转动载物台，狭缝像开始向反方向移动，则此回转点就是最小偏向角的位置。关小狭缝，使十字叉丝与狭缝像重合，重复实验几次，准确地测定这个位置，在游标上记下此时望远镜的读数，即得 ψ_1。

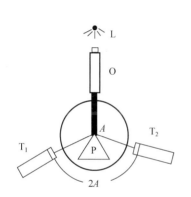 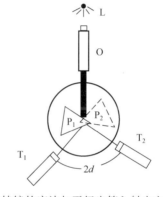

图 17-7　置棱镜 P 于载物台上　　图 17-8　使棱镜的底边与平行光管入射光方向夹角为锐角

2、依前法，旋转载物台与望远镜，使棱镜的底边和望远镜 T_2 都在观察者的右面（如图 17-8 虚线所示）。按上述方法求得最小偏向角的位置，在游标上记下此时望远镜的读数，即得 ψ_2。$|\psi_2-\psi_1|$ 就是望远镜自 T_1 位置转至 T_2 位置的角度，再除以 2，即为所求的最小偏向角 d。

3、重复测量两次，求其平均值。

注意：从 T_1 位置转到 T_2 位置时，若一个游标跨过 0°线，则此时 T_1、T_2 间的夹角应等于 $360°-|\psi_2-\psi_1|$。

（四）计算折射率 n

按式（17-5）计算折射率 n。

五、实验记录和结果

1、求三棱镜的顶角 A，将实验结果填入表 17-1 中。

表 17-1　求三棱镜的顶角 A

实验次数	望远镜位置 θ_1	望远镜位置 θ_2	$|\theta_1-\theta_2|$	顶角 A
1				
2				

平均值_____

2、求最小偏向角 d，将实验结果填入表 17-2 中。

表 17-2　求最小偏向角 d

实验次数	望远镜位置 Ψ_1	望远镜位置 Ψ_2	$|\Psi_1-\Psi_2|$	最小偏向角 d
1				
2				

平均值_____

3、求折射率。

$$n = \frac{\sin\dfrac{d+A}{2}}{\sin\dfrac{A}{2}} =$$

注意：本实验中所有的角度测量精确到分，平均值也取到分，n 的有效数字取 4 位。

六、思考题

1、在测三棱镜的顶角时，为何有时只能在一侧找到狭缝像，而在另一侧始终找不到像，分析其中的原因。

2、寻找最小偏向角的位置时，不管如何旋转三棱镜，看到的狭缝像始终不动，为什么？

3、从最小偏向角的测量数据中，你能发现什么，为什么？

实验十八　用牛顿环测定透镜的曲率半径

一、实验目的

1、学会利用牛顿环测定透镜的曲率半径。

2、熟悉读数显微镜的使用方法。

二、实验原理

将一块曲率半径较大的平凸透镜 A 的凸面放在一块平板玻璃 B 上,两者之间便形成一层类似尖劈形的空气层,如图 18-1 所示。若将一束单色光垂直地入射该空气层上表面,则反射后的两束光"1"和"2"相干。通过显微镜从正上方观察,则可看到两束光叠加形成的干涉条纹。两束反射光的光程差取决于空气层的厚度,由于凸透镜和平板玻璃所形成的空气等厚层是同心圆,因此相干光形成的干涉条纹亦是同心圆。这些明暗相间的同心圆形成的光环就称为牛顿环。

图 18-2 给出了本实验的几何关系,R 表示透镜的曲率半径,r 表示空气层某点离中心点 O 的距离,e 表示该点距离上空气层的厚度。

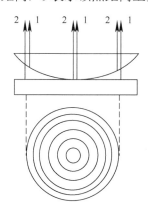

图 18-1　形成一层类似尖劈形的空气层

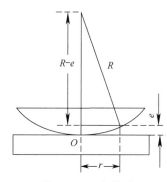

图 18-2　几何关系

根据几何关系可得

$$R^2 = r^2 + (R-e)^2 \qquad (18\text{-}1)$$

考虑到 $R \gg e$,故忽略 e^2 项,即可得近似式

$$e = r^2/2R \qquad (18\text{-}2)$$

而此位置上空气层上表面和空气层表面反射的两束光之间的光程差为(考虑半波损失)

$$\sigma = 2e + \lambda/2 \tag{18-3}$$

将 e 的表达式［式（18-2）］代入，得 r 处光程差等于

$$\sigma = r^2/R + \lambda/2 \tag{18-4}$$

当这个光程差为波长的整数倍时，形成亮纹，因此亮纹的位置由下式确定

$$\sigma = r^2/R + \lambda/2 = k\lambda, \quad k=1, 2, 3, \cdots \tag{18-5}$$

即亮纹的半径为

$$r = \sqrt{(2k-1)\frac{\lambda}{2}}, \quad k=1, 2, 3, \cdots \tag{18-6}$$

用不同的 k 值代入可求得各亮纹的半径，如将 $k=1$ 代入，求得第一级亮纹的半径为

$$r_1 = \sqrt{\frac{R}{2}\lambda} \tag{18-7}$$

暗纹的位置由光程差等于半个波长的奇数倍的条件决定，即

$$\sigma = \frac{r^2}{R} + \frac{\lambda}{2} = (2k+1)\frac{\lambda}{2}, \quad k=0, 1, 2, \cdots \tag{18-8}$$

由此可得暗纹的半径为

$$r = \sqrt{k\lambda R}, \quad k=0, 1, 2, \cdots \tag{18-9}$$

$k=0$ 时形成中央第 0 级暗纹，其位置在中心 O 处，以 $k=1, 2, 3\cdots$ 代入可依次求得其余不同级暗纹的位置。

利用式（18-6）式（18-9），通过测定不同 k 值对应的亮纹或暗纹半径，即可求出透镜的曲率半径 R。

不过要注意，推导以上公式时是假定凸透镜和平板玻璃在中央 O 点接触的，因此该处两束光的光程差只包括半个波长损失 $\lambda/2$。但实际上，两者的接触是面接触，而且可能存在脏物或灰尘。因此若在中心 O 处，凸透镜和平板玻璃之间相隔某个距离 a，则 r 处两束光的实际光程差是

$$\sigma = \frac{r^2}{R} + \frac{\lambda}{2} + 2a \tag{18-10}$$

那么，亮纹和暗纹的半径公式也要做相应的修正。假设实验利用暗纹公式测透镜的曲率半径，则修正后暗纹半径公式为

$$r = \sqrt{k\lambda R - 2Ra} \tag{18-11}$$

其中，a 不能直接测量，但可按下述方法消除。

对于第 m 级暗纹，其半径为

$$r_m = \sqrt{m\lambda R - 2Ra} \tag{18-12}$$

对于第 n 级暗纹，其半径为

$$r_n = \sqrt{n\lambda R - 2Ra} \tag{18-13}$$

可得

$$R = \frac{r_m^2 - r_n^2}{(m-n)\lambda} = \frac{d_m^2 - d_n^2}{4(m-n)\lambda} \qquad (18\text{-}14)$$

式中，d_m 和 d_n 分别表示第 m 级和第 n 级暗纹的直径。可见，在已知波长的单色光照射时，用读数显微镜测定第 m 级和第 n 级暗纹直径 d_m 和 d_n，代入式（18-14），即可求得透镜的曲率半径 R。

三、实验仪器

仪器主要包括牛顿环（由凸透镜与平板玻璃组成，两者装在一起并已调整）、反射玻片、单色光源（钠灯+电源）及读数显微镜，其结构如图 18-3 所示。

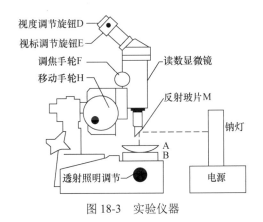

图 18-3　实验仪器

图中单色光源选用钠灯，波长为 589.3nm。M 为反射玻片，作用是将水平投射来的钠光反射到牛顿环（由凸透镜 A 和平板玻璃 B 组成）中，然后经由牛顿环空气层上表面反射相干光经反射玻片 M 进入读数显微镜，因此反射玻片 M 应和水平方向成 45°角，否则将观察不到牛顿环。

四、实验步骤

1、按图 18-3 布置实验仪器，点亮钠灯，预热几分钟直至出现较强的黄光。旋转移动手轮 H，使显微镜筒基本上在刻度尺的中间附近，以便于左右移动测量。旋转目镜调节视度，使得测量十字叉丝清晰（依个人眼睛度数不同而不一样）。同时旋转视标调节旋钮 E，使得十字叉丝的任一条线应垂直于测微标尺，即垂直于读数显微镜的移动方向。

2、打开载物台下的透射照明反光镜，前后、左右移动整台显微镜，使得目镜中能看到均匀的亮光。将 A、B 叠在一起的黑框盒子放置于显微镜的载物台上，其位置在镜筒的正下方附近（此时应关闭载物台下的透射照明反光镜）。旋转调焦手轮 F 上下调焦，直至清晰地看到牛顿环，然后微微移动透镜盒，使牛顿环与十字叉丝相切。

3、旋转移动手轮 H，使显微镜筒往一方向移动（如向右），直至离牛顿环中心相当远的一级，如第 17 级，然后使显微镜筒向左移动到第 12 级开始测量读数，继续向左移动到第 11，10，9，8，7，…，3 级，并一一读数，测到第 3 级后仍向左移，通过中心，测量中心另一侧第 3，4，5，…级，直至第 12 级，记录于表中，算出牛顿环直径，代入式（18-14）求出曲率半径 R。实验中取 $m-n=4$。

注意实验中移动手轮应朝一个方向转动，否则会产生较大的空程误差。显微镜的读数如图 18-4 所示，包含标尺读数与移动手轮读数两部分，手轮旋转 1 圈（100 格）对应标尺上移动 1mm，即手轮的精度为 0.01mm，实验中再估读 1 位，图中的结果为 34.472mm。

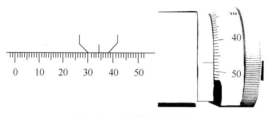

图 18-4　显微镜的读数

五、实验记录及结果

将实验结果填入表 18-1 中。

表 18-1　实验结果

读数圈	显微镜标尺读数（mm）		第 n 级直径 d_n（mm）	d_n^2（mm²）	$d_m^2 - d_n^2$（mm²）（$m-n=4$）
	左	右			
12					$d_{12}^2 - d_8^2 =$
11					$d_{11}^2 - d_7^2 =$
10					$d_{10}^2 - d_6^2 =$
9					$d_9^2 - d_5^2 =$
8					$d_8^2 - d_4^2 =$
7					$d_7^2 - d_3^2 =$
6					
5					$\overline{d_m^2 - d_n^2} =$
4					$\Delta(d_m^2 - d_n^2) =$
3					

$$\overline{R} = \frac{\overline{d_m^2 - d_n^2}}{4(m-n)\lambda} =$$

$$\Delta R = \frac{\Delta(d_m^2 - d_n^2)}{4(m-n)\lambda} =$$

$$R = \overline{R} \pm \Delta R =$$

六、思考题

1、试比较牛顿环和尖劈干涉条纹的异同点。

2、假如实验中平板玻璃上有微小的凸起，则凸起处空气层厚度减小，导致等厚干涉条纹发生畸变。试问这时的牛顿环（暗纹）将局部内凹还是局部外凸？为什么？

3、用白光照明能否看到牛顿环？此时的条纹有何特征？

实验十九　用衍射光栅测定光波的波长

一、实验目的

1、观察光波的衍射现象。
2、用衍射光栅测定光波的波长。

二、实验原理

衍射光栅由许多互相平行且等间隔的狭缝组成。如图 19-1 所示，有一平面光栅，光栅的平面与纸面垂直。投射到光栅上的平面波有一部分通过光栅缝，这些缝就作为新波源，从这些缝发出的波，由于互相干涉，因此在一些方向互相加强，在另一些方向互相减弱。

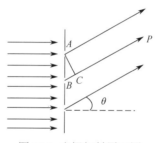

图 19-1 光栅衍射原理图

在图 19-1 中，考虑沿 BP 方向观察该方向的波是如何相互作用的。设 BP 与光栅的竖直线之间的夹角为 θ，引直线 AC 垂直于波的传播方向，交 BP 于 C，则 BC 就等于相邻两缝 A 与 B 分别发出的两个波的光程差，即 $BC=AB\sin\theta$，设光栅两相邻狭缝间距为 d（d 为光栅常数），得 $BC=d\sin\theta$。当光程差等于波长的整数倍时，即 $BC=n\lambda$ 时，从各缝发出的波都同相前进，互相加强，因此出现亮纹，出现亮纹的条件是

$$\sin\theta = n\frac{\lambda}{d} \tag{19-1}$$

式中，n 取 0，1，2，3，…

当 n=0 时，得到第 0 级像（中央亮纹）；
当 n=1 时，得到第 1 级亮纹；
当 n=2 时，得到第 2 级亮纹。

当 $\sin\theta$ 很小时，可用 θ 或 $\tan\theta$ 近似。本实验中 $\sin\theta$ 用 $\tan\theta$ 即 $\frac{x}{D}$ 来表示。x 为某级亮纹到中央亮纹的距离，D 为光栅到光屏的距离。因此可得

$$\frac{x}{D} = n\frac{\lambda}{d}$$

$$\lambda = \frac{xd}{nD} \quad\quad\quad (19\text{-}2)$$

三、实验仪器

光具座、光栅、激光器、光屏（附有米尺）。

四、实验步骤

1、将激光器、光栅、光屏放置在光具座上（如图 19-2 所示），移动光栅使得光栅与光屏之间的距离约为 1m。

2、调节激光束与光栅垂直，并调节光屏的角度，使得各级亮纹左右对称。

3、记录各级亮纹的位置于表格中，并重复 5 次。

4、按公式 $\theta = n\dfrac{\lambda}{d}$ 计算 λ。

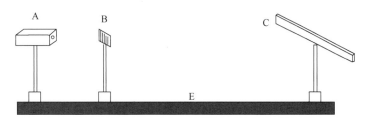

图 19-2　光栅衍射实验

A—激光器；B—光栅；C—光屏；E—光具座

五、实验记录与结果

将实验结果填入表 19-1 中。

表 19-1　实验结果

d（光栅常数）=　　　　　　D（栅屏距离）=

测量次数 n	中央亮纹位置 （cm）	第 1 级亮纹至中央亮纹的距离（cm）		第 2 级亮纹至中央亮纹的距离（cm）	
		左（S_1）	右（S_1）	左（S_2）	右（S_2）
1					
2					
3					
4					
5					
平均值		$\overline{S_1} =$		$\overline{S_2} =$	
误差		$\Delta S_1 =$		$\Delta S_2 =$	

$$\bar{\lambda}_1 = \frac{d\bar{S}_1}{D} = \qquad\qquad \Delta\lambda_1 = \frac{d\Delta S_1}{D} =$$

$$\bar{\lambda}_2 = \frac{d\bar{S}_2}{D} = \qquad\qquad \Delta\lambda_2 = \frac{d\Delta S_2}{2D} =$$

$$\bar{\lambda} = \frac{1}{2}(\bar{\lambda}_1 + \bar{\lambda}_2) =$$

$$\Delta\lambda = \frac{1}{2}(\Delta\lambda_1 + \Delta\lambda_2) =$$

$$\lambda = \bar{\lambda} \pm \Delta\lambda =$$

六、思考题

1、当改用磨砂灯泡作为光源时，由于它是多色光源，此时观察到的衍射光谱，其颜色的排列次序是紫光在内侧而红光在外侧，这是为什么？

2、光栅常数 d 增大时，x 是增大还是减小？

3、当 D 取值过小时，本实验能否得到理想数据？

实验二十　用分光计测定光波的波长

一、实验目的

1、观察光波的衍射现象。

2、掌握用分光计和透射光栅测定光波的波长。

二、实验原理

本实验的实验原理与实验十九相同，但考虑到本书各个实验相互独立，这里再次完整叙述实验原理部分。

衍射光栅由许多互相平行且等间隔的狭缝组成。如图 20-1 所示，有一平面光栅，光栅的平面与纸面垂直。投射到光栅上的平面波有一部分通过光栅缝，这些缝就作为新波源，从这些缝发出的波，由于互相干涉，因此在一些方向互相加强，在另一些方向互相减弱。

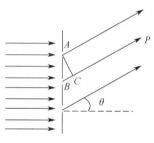

图 20-1　光栅衍射原理图

在图 20-1 中，考虑沿 BP 方向观察该方向的波是如何相互作用的。设 BP 与光栅的竖直线之间的夹角为 θ，引直线 AC 垂直于波的传播方向，交 BP 于 C，则 BC 就等于相邻两缝 A 与 B 分别发出的两个波的光程差，即 $BC=AB\sin\theta$。设光栅两相邻狭缝间距为 d（d 为光栅常数），得 $BC=d\sin\theta$。当光程差等于波长的整数倍时，即 $BC=n\lambda$ 时，从各缝发出的波都同相前进，互相加强，因此出现亮纹，出现亮纹的条件是

$$\sin\theta = n\frac{\lambda}{d} \tag{20-1}$$

式中，n 取 0，1，2，3，…

当 $n=0$ 时，得到第 0 级像（中央亮纹）；

当 $n=1$ 时，得到第 1 级亮纹；

当 $n=2$ 时，得到第 2 级亮纹。

当 $\sin\theta$ 很小时，可用 θ 或 $\tan\theta$ 近似。本实验中 $\sin\theta$ 用 $\tan\theta$（即 $\dfrac{x}{D}$）来表示。x 为某级亮纹到中央亮纹的距离，D 为光栅到光屏的距离。因此可得

$$\frac{x}{D} = n\frac{\lambda}{d}$$

$$\lambda = \frac{xd}{nD} \tag{20-2}$$

三、实验仪器

望远镜、分光计、玻璃透射光栅和钠灯等。

四、实验步骤

1、如图 20-2 所示，打开钠灯，待稳定后，把平行光管对准钠灯，转动望远镜，找到一狭长垂直条状光线，调节狭缝至适当大小。

2、把玻璃透射光栅置于载物台上，调节光栅与望远镜垂直，这时用望远镜将看到第 0 级像（中央亮纹，比其他级别的衍射条纹亮）。此后不再调整载物台和光栅。

3、向左边缓慢转动望远镜，可看到左边第 1 级衍射条纹（第 1 级亮纹），继续缓慢向左转动望远镜，看到左边第 2 级衍射条纹（第 2 级亮纹），让望远镜中的十字叉丝对准条纹，在刻度盘上记下角度值（Ψ_2），然后向右转动望远镜到左边第 1 级衍射条纹（Ψ_1），记下该条纹的角度；转过第 0 级像后，继续向右转动并记下右边第 1、第 2 级衍射条纹角度（Ψ_1' 和 Ψ_2'）。重复以上操作 5 次，将数据记入表格内，并计算光波波长。

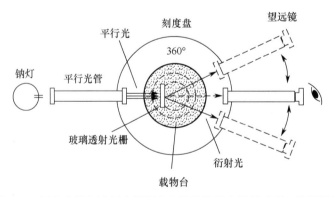

图 20-2　用分光计和透射光栅测定光波的波长实验原理图（俯视图）

五、实验记录及结果

将实验结果填入表 20-1 中。

表 20-1　实验结果

d（光栅常数）=

测量次数 n	第 1 级亮纹的角度 θ_1		$\theta_1=\dfrac{\left|\Psi_1-\Psi_1'\right|}{2}$	第 2 级亮纹的角度 θ_2		$\theta_2=\dfrac{\left|\Psi_2-\Psi_2'\right|}{2}$
	望远镜的角度			望远镜的角度		
	左（Ψ_1）	右（Ψ_1'）		左（Ψ_2）	右（Ψ_2'）	
1						
2						
3						
4						
5						
平均值	$\overline{\theta}_1=$			$\overline{\theta}_2=$		
误差	$\Delta\theta_1=$			$\Delta\theta_2=$		

$$\lambda_1=\frac{d\sin\overline{\theta}_1}{n}=$$

$$\lambda_2=\frac{d\sin\overline{\theta}_2}{n}=$$

$$\lambda=\frac{1}{2}(\lambda_1+\lambda_2)=$$

$$\Delta\lambda=\frac{1}{2}(\Delta\lambda_1+\Delta\lambda_2)=$$

$$\lambda=\overline{\lambda}\pm\Delta\lambda=$$

$$\Delta\lambda_1=\frac{d\sin\theta_1}{n}=$$

$$\Delta\lambda_2=\frac{d\sin\theta_2}{n}=$$

六、思考题

1、当保持玻璃透射光栅与望远镜的方向不变而改变平行光的方向时，衍射条纹的角度会不会发生变化？如果将透射光栅换成狭缝，结果又会怎样？

2、当使用狭缝光栅时，如果光屏向狭缝移动，θ 会改变吗？请说明。

3、如果把红光当成光源，θ_1 是会变大还是会变小？

实验二十一　　单缝和单丝衍射实验

一、实验目的

1、观察单缝、单丝、小孔的夫琅禾费衍射现象，了解由缝宽、线径、孔径变化引起衍射图样变化的规律，加深对光的衍射理论的理解。

2、利用衍射图样测量单缝的宽度和单丝的直径，并将实验结果与其他方法测量结果进行比较。

二、实验原理

由夫琅禾费衍射可知，光源发出的平行光垂直照射在单缝（或单丝）上。根据惠更斯-菲涅耳原理，单缝上每一点都可以看成是向各方向发射球面子波的新波源，波在接收屏上叠加，形成一组平行于单缝的明暗相间的条纹。为实现平行光的衍射，则要求光源 S 及接收屏到单缝距离都是无限远或相当于无限远的，因此实验中借助两个透镜来实现，如图 21-1 所示。位于透镜 L_1 前焦平面上的单色狭缝光经透镜 L_1 后变成平行光，垂直照射在单缝 D 上，通过单缝 D 衍射在透镜 L_2 的后焦平面上呈现出单缝的衍射光样，它是一组平行于狭缝的明暗相间的条纹，如图 21-2 所示。

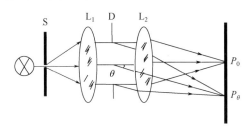

图 21-1　夫琅禾费衍射原理图

和单缝平面垂直的衍射光束会聚于接收屏上 x=0 处（P_0 点），是中央亮纹的中心，其光强为 I_0；与光轴成角 θ 的衍射光束会聚于 P_θ 处，由惠更斯-菲涅耳原理可得 P_θ 处的光强 I_θ 为

$$I_\theta = I_0 \frac{\sin^2 u}{u^2}, \quad u = \frac{\pi d \sin \theta}{\lambda} \tag{21-1}$$

式中，d 为狭缝宽度，λ 为单色光波长，θ 为衍射角。当 θ=0 时，$I=I_0$，该位置是中央主极大中心位置。当 $\sin\theta = k\lambda/d$（$k=\pm1, \pm2, \cdots$）时，出现暗纹，在暗纹处，光强 I=0。

由于 θ 很小，故 $\sin\theta \approx \theta$，所以近似认为暗纹出现在 $\theta = k\dfrac{\lambda}{d}$ 处。中央亮纹的角度 $\Delta\theta = 2\dfrac{\lambda}{d}$，其他任意两条相邻暗纹之间夹角 $\Delta\theta = \dfrac{\lambda}{d}$，即暗纹以 $x=0$ 处为中心，等间距地左右对称分布。除中央亮纹以外，两相邻暗纹之间的宽度是中央亮纹宽度的 1/2。当使用激光器作为光源时，由于激光器的准直性，可将透镜 L_1 去掉。如果接收屏远离单缝（或金属丝），则透镜 L_2 也可省略。

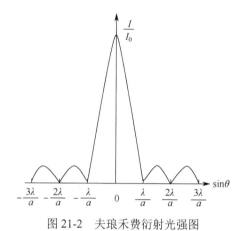

图 21-2 夫琅禾费衍射光强图

当单缝至接收屏距离 $Z \gg d$ 时，θ 很小，此时 $\sin\theta \approx \tan\theta = \dfrac{x_k}{z}$，所以各级暗纹衍射角应为

$$\sin\theta \approx \frac{k\lambda}{d} = \frac{x_k}{z} \tag{21-2}$$

所以单缝的宽度

$$d = \frac{k\lambda Z}{x_k} \tag{21-3}$$

式中，k 是暗纹级数，Z 为单缝与屏之间的距离，x_k 为第 k 级暗纹距中央主极大中心位置的距离。

用单丝代替单缝，式（21-2）和式（21-3）同样成立。

三、实验仪器

光具座、半导体激光器（波长 650nm）、转盘、单缝（三种缝宽）、单丝（三种线径）、小孔架（板）、接收屏、米尺、直尺、读数显微镜、激光器专用电源。

四、实验步骤

1、观察夫琅禾费单缝衍射、单丝衍射和小孔衍射。

将半导体激光器和单缝通过滑块和支架放置于光具座上,接收屏通过滑块放在桌面上,屏与单缝的间距大于 1m,屏与缝的距离可以用米尺测量滑块下刻线间距正确得到。观察不同缝宽时屏上衍射的图样变化,尝试解释其变化的原因;再用单丝和小孔替代单缝,观察不同线径或孔径时屏上的衍射图样的变化,说明衍射图样变化的原因。

2、测量某金属细丝直径。

用米尺测量接收屏与细丝的间距 Z。用直尺测量第 k 级暗纹中心与第 1 级暗纹中心的距离 $\overline{x}_k$,测量 5 次,求平均值 $\overline{x}_k$。已知激光器波长 λ=650.0nm,将实验数据代入式(21-3)中,求金属细丝直径 d,并与读数显微镜测量结果进行比较。

3、用与上述相似的方法,测量单缝宽度 d,并与读数显微镜测量结果比较。注意:

(1)不要正对着激光束观察,以免损坏眼睛。

(2)测量第 k 级暗纹中心距中央主极大中心的距离时,可以在屏上贴一张作图纸画点测量,也可用白色纸用铅笔画点。

(3)半导体激光器的工作电压为直流电压 3V,应使用专用 220V/3V 直流电源工作(该电源可避免在接通电源的瞬间因电感效应产生高电压),以延长半导体激光器的寿命。

五、实验记录及结果

(一)单丝直径的测量

由光的衍射可知:

$$d\sin\theta = k\lambda$$

式中,k 为衍射级次,λ 为单色光的波长,d 为待测金属直径,θ 为衍射角。

由实验光路可得

$$\sin\theta \approx \tan\theta = \frac{x_k}{z}$$

则

$$d = \frac{k\lambda Z}{x_k}$$

式中,k 为暗纹级数,Z 为金属丝与衍射成像屏之间的距离,x_k 为第 k 级暗纹中心距中央主极大中心的距离。Z 用米尺测量,x_k 用量程 15cm 的直尺测量。

将测量结果填入表 21-1 中。

表 21-1　测量结果

λ=650.0nm

k	Z(cm)	$\overline{x}_k$(cm)	d(mm)
5			
10			

用读数显微镜测得单丝平均值 $\overline{d}$ = _____ mm。

两者测量单丝直径 d 的百分差为 _____ 。

（二）单缝缝宽 d 测量

与单丝衍射情况相同，单缝缝宽测量公式为

$$d = \frac{k\lambda Z}{x_k}$$

将测量结果填入表 21-2 中。

表 21-2　测量结果

k	z（cm）	$\overline{x}_k$（cm）	d（mm）
4			

用 JCD$_3$ 型读数显微镜测得缝宽 $\overline{d}$ = _____ mm。

实验二十二　迈克耳孙干涉仪测He–Ne激光的波长

一、实验目的

1、学习迈克耳孙干涉仪的调节和使用方法。

2、调节和观察迈克耳孙干涉仪产生的干涉图，加深对各种干涉条纹特点的理解。

3、掌握用迈克耳孙干涉仪测量单色光波长的方法。

二、实验原理

迈克耳孙干涉仪原理图如图 22-1 所示。M_1 与 M_2 是在互相垂直的两臂上放置的两个平面反射镜，其背后各有两个调节螺丝，用以调节镜面的俯仰。M_2 是固定的，M_1 由精密丝杆控制，可沿臂轴前后移动，其移动距离由转盘读出。仪器前方粗动手轮的分度值为 10^{-2}mm，右侧微动手轮的分度值为 10^{-4}mm，需要估读至 10^{-5}mm，两个读数手轮属于蜗轮蜗杆传动系统。在两臂轴相交处，有一与两臂轴各成 45° 的平行平面玻璃板 G_1（分光板），G_1 的后表面镀有半透半反膜，光源 S 射出的光将由 G_1 分成反射光 1 与透射光 2。反射光 1 经 G_1 反射后向 M_1 前进，经 M_1 反射后返回，再次穿过 G_1，到达观察屏 E；透射光 2 穿过 G_1 向着 M_2 前进，经 M_2 反射后，由 G_1 后表面反射，到达观察屏 E。图中 G_2 也是一块平面玻璃板，与 G_1 平行放置，其厚度和折射率与 G_1 相同。G_2 称为补偿板，用以补偿光线 1 和 2 之间的光程差，因此光线 1 和 2 的干涉就仅仅是由 M_1 与 M_2 两个平面反射镜之间的相对位置引起的。

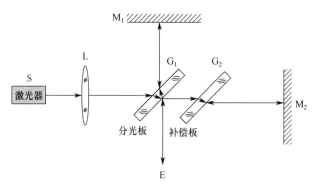

图 22-1　迈克耳孙干涉仪原理图

由于从 M_2 返回的光线在分光板 G_1 的后表面反射，使 M_2 在 M_1 附近形成了一个平行于 M_1 的虚像 M_2'，图 22-1 中的光路可简化，迈克耳孙干涉仪的等效光路图如图 22-2 所示。光自 M_1 和 M_2 的反射，相当于自 M_1 和 M_2' 的反射，M_1 与 M_2' 构成空气层。因此迈克耳孙干涉仪中产生的干涉与厚度为 d 的空气层产生的干涉是等效的。

（一）干涉法测光波波长原理

当 M_1 与 M_2 严格垂直时，M_1 与 M_2' 相互平行，相距为 d。若光束以同一倾角入射在 M_1 与 M_2' 上，反射后形成 1 和 $2'$ 两束相互平行的相干光，等倾干涉的等效光路图如图 22-3 所示。过 P 点作 PO 垂直于光线 $2'$。

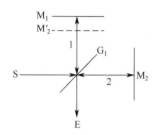

图 22-2　迈克耳孙干涉仪的等效光路图　　　图 22-3　等倾干涉的等效光路图

因为 M_1 与 M_2' 之间为空气层，$n \approx 1$，所以两光束的光程差 Δ 为

$$\Delta = MN + NP - MO = \frac{d}{\cos\delta} + \frac{d}{\cos\delta} - PM\sin\delta$$

$$= \frac{2d}{\cos\delta} - 2d\tan\delta\sin\delta = 2d\cos\delta \tag{22-1}$$

式中，δ 为光线在 M_1 上的入射角。当 $\delta=0$ 时，对应于从两镜面的法线方向反射的光波，具有最大的光程差，故中央条纹的干涉级次最高。中心点的亮暗完全由 d 确定，当 $d=k\lambda/2$ 时，中心点为亮点。d 值每改变 $\lambda/2$，干涉条纹变化一级。也即 M_1 与 M_2' 之间的距离每增加（或减少）$\lambda/2$，干涉条纹的圆心就"吞入"（或"吐出"）一个圆环。"冒出"或"缩进"的条纹数 Δk 与位置变化量 Δd 之间的关系为

$$\lambda = 2\Delta d / \Delta k \text{ 或 } \Delta d = \Delta k\frac{\lambda}{2} \tag{22-2}$$

可见，只要测定位置改变量 Δd 和相应的干涉条纹级次变化量 Δk，就可以用式（22-2）算出光波波长。干涉条纹从中心"冒出"，表明 M_1 相对于 M_2' 移远了；若条纹"缩进"，则表明 M_1 相对于 M_2' 移近了。

对于相邻的 k 与 $k-1$ 级干涉条纹，有

$$2d\cos\delta_k = k\lambda$$
$$2d\cos\delta_{k-1} = (k-1)\lambda \tag{22-3}$$

将两式相减，当 δ 较小时，利用 $\cos\delta = 1 - \dfrac{\delta^2}{2}$，可得相邻条纹的角距离 $\Delta\delta_k$ 为

$$\Delta\delta_k = \delta_k - \delta_{k-1} \approx \frac{\lambda}{2d\delta_k} \tag{22-4}$$

上式表明：

（1）当 d 一定时，视场里干涉条纹的分布是中心较宽，边缘较窄。

（2）δ_k 一定时，d 越小，$\Delta\delta_k$ 越大，即条纹随着空气层厚度 d 的减小而变宽。所以在调节和测量时，应取 d 为较小值，即调节 M_1 与 M_2，使它们到分光板 G_1 镀膜面的距离大致相等。

（二）等厚干涉法测薄玻璃板厚度原理（选做内容）

若 M_1 与 M_2' 成一很小的夹角 α，且入射角 δ 也较小，则能在 M_1 附近直接观察到等厚干涉条纹。此时 M_1 与 M_2' 反射光线的光程差仍近似为

$$\Delta = 2d\cos\delta = 2d\left(1 - \frac{\delta^2}{2}\right) \tag{22-5}$$

在两个镜面的交线附近，d 较小，$d\delta^2$ 的影响可忽略不计，光程差主要由空气层的厚度 d 决定。在空气层厚度相同的地方光程差均相同，即干涉条纹是一组平行于 M_1 与 M_2' 交线的等间隔的直线。

在距离 M_1 与 M_2' 交线较远处，因为 d 较大，所以干涉条纹变成弧形，而且条纹弯曲的方向背向两镜面的交线。这是由于式（22-5）中 $d\delta^2$ 的作用已不容忽略。由于同一 k 级干涉条纹是等光程差点的轨迹，为满足 $\Delta = 2d\left(1 - \frac{\delta^2}{2}\right) = k\lambda$，用扩展光源照明时，当 δ 逐渐增大时，必须相应增大 d，以补偿 δ 增大所引起的光程差的减小。因此，干涉条纹在 δ 增大的地方要向 d 增大的方向移动，所以干涉条纹成了弧形。

事实上，由于形成等厚干涉要求入射光来自平面光源，因此应当首先将光源更换为平面光源。但受入射角 δ 的影响，只有在 M_1 与 M_2' 之间距离等于零时，两面之间相交的一条直线附近的干涉条纹才近似是等厚条纹。随着 δ 的增大，直条纹将逐渐弯曲。使用白光做光源时，只有在正中央 M_1、M_2' 交线处（$d=0$）及附近才能看到等厚干涉条纹。对各种波长的光来说，在交线上的光程差都为 0，故中央条纹是白色的。特别地，由于 M_1 与 M_2' 形成两劈尖正对的结构，因此中央白色条纹两旁有十几条对称分布的彩色条纹。据此可以很容易判别出中央条纹的位置。

实验时，首先调节出白光的等厚干涉条纹，呈现出中央一条亮线、两侧彩色条纹对称分布的状态，记下此时的手轮读数 m_1。然后将厚度为 l 的待测薄玻璃板放入 M_1 所在的光路中。注意玻璃板相对 M_1 平行。接下来转动微动手轮，使 M_1 向屏幕方向移动，直到白光的等厚干涉条纹再次出现（特别注意途中微动手轮不能反转）。记下这时的手轮读数 m_2。m_1 与 m_2 之差就是 M_1 移动的距离 Δd，这一距离与薄玻璃板带来的附加光程差 $l(n-1)$ 相等，即

$$\Delta d = l(n-1) \tag{22-6}$$

利用式（22-6）可求得玻璃板厚度。

三、实验仪器

WSM-100 型迈克耳孙干涉仪，HNL-55700 型 He-Ne 激光器、毛玻璃屏。

迈克耳孙干涉仪结构如图 22-4 所示。9 和 10 分别为分光板和补偿板，M_1（6）和 M_2（8）为两互相垂直的平面镜。机械台面（4）固定在较重的铸铁底座（2）上，底座上有三个底座调节螺钉（1），用来调节台面的水平。在台面上装有螺距为 1mm 的精密丝杠（3），丝杠的一端与齿轮系统（12）相连接，粗动手轮（13）或微动手轮（15）都可使丝杠转动，从而使骑在丝杠上的平面反射镜 M_1 沿导轨（5）移动。M_1 移动的位置及移动的距离可从装在机械台面（4）一侧的毫米标尺、读数窗口（11）及微动手轮（15）上读出。粗动手轮（13）分为 100 格，每转过 1 格，M_1 就平移 0.01mm（由读数窗口读出）。微动手轮（15）分为 100 格，每转动 1 周手轮随之转过 1 格。因此，微动手轮转过 1 格，M_1 平移 0.0001mm，这样，最小读数可估计到 0.00001mm。

M_2 是固定在镜台上的。M_1、M_2 的后面各有两个调节螺钉（7），可调节镜面的倾斜度。M_2 镜台下面还有一个水平拉簧螺丝（14）和一个垂直拉簧螺丝（16），其松紧可使 M_2 产生一极小的形变，从而可对 M_2 的倾斜度做出更精细的调节。

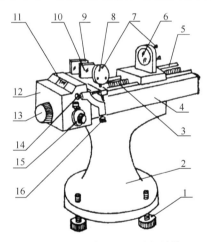

图 22-4　迈克耳孙干涉仪结构

1—底座调节螺钉；2—铸铁底座；3—精密丝杠；4—机械台面；5—导轨；6—平面反射镜 M_1；
7—平面反射镜调节螺钉；8—平面反射镜 M_2；9—分光板；10—补偿板；11—读数窗口；
12—齿轮系统；13—粗动手轮；14—水平拉簧螺丝；15—微动手轮；16—垂直拉簧螺丝

四、实验步骤

（一）迈克耳孙干涉仪的调节

1、调整零点：将微动手轮沿某一方向（如顺利针方向）旋转至零，然后以相同方向转动粗动手轮使之对齐某一刻度，这一步称为校零。此后，测量时仍只能以同方向转动

微动手轮使 M_1 移动（测量不允许直接转动粗动手轮），这样才能使粗动手轮与微动手轮二者读数相互配合。

2、要注意转动微动手轮时，在读数窗口中必须能看到手轮刻度盘的变化，否则应使两者的齿轮系统齿合。测量时，为了使结果更准确，必须避免引入空程。也即在调整好零点后，应使微动手轮按原方向转几圈（要回到零刻度丝上），直到干涉条纹开始移动后方可开始测量读数。

（二）观察等倾干涉条纹

1、进行仪器水平调节。

2、将多光束光纤激光的一束光纤安装在分光镜的前端，使出射的激光光斑照射在分光板上，光轴与固定镜 M_2 垂直。光纤射出的激光已经扩束，无须另加扩束镜。

3、转动粗动手轮，将移动镜 M_1 的位置置于机体侧面标尺所示约 32mm 处，此位置为固定镜和移动镜相对于分光板大约等光程的位置。从毛玻璃屏处观察（此时不放毛玻璃屏），可看到由 M_1 与 M_2 各自反射的两排光点，仔细调节 M_1 和 M_2 后的调节螺钉，使两排光点严格重合，从而使 M_1 和 M_2 基本垂直。装上毛玻璃屏，在观察屏上观察非定域的等倾干涉条纹，再轻轻调节 M_1 后的调节螺钉，使出现的圆条纹中心正好处于毛玻璃屏的中心。

4、转动粗动手轮和微动手轮，使 M_1 在导轨上移动，并观察干涉条纹的形状、疏密及中心"吞入""吐出"条纹随光程差改变而改变的情况。

（三）测量 He-Ne 激光的波长

利用非定域的等倾干涉条纹测量单色光的波长。单向缓慢转动微调手轮移动 M_1，将干涉条纹圆环中心调至最暗（或最亮），记下此时 M_1 的位置；继续转动微调手轮，数干涉条纹中心"吞入"（或"吐出"）的条纹数，条纹每"吞入"（或"吐出"）50 个圆环记录一次 M_1 的位置，并将数据记录于表 22-1 中。根据式（22-2），用逐差法处理数据，并与 He-Ne 激光波长的标准值（$\lambda_{标准值}$=632.8nm）进行比较。

五、实验记录及结果

将实验结果填入表 22-1 中。

表 22-1　实验结果

$$\Delta k = \Delta N = N_{i+5} - N_i = 250$$

N_i	移动条纹数	M_1 位置 e_i（mm）	$\Delta d = \Delta e = e_{i+5} - e_i$
N_0	0		
N_1	50		
N_2	100		
N_3	150		
N_4	200		

（续表）

N_i	移动条纹数	M_1 位置 e_i（mm）	$\Delta d = \Delta e = e_{i+5} - e_i$
N_5	250		
N_6	300		$\overline{(e_{i+5} - e_i)} =$
N_7	350		
N_8	400		$\Delta(e_{i+5} - e_i) =$
N_9	450		

$$\lambda = \overline{\lambda} \pm \Delta\lambda = \qquad\qquad \eta = \left| \frac{\overline{\lambda} - \lambda_{标准值}}{\lambda_{标准值}} \right| \times 100\% =$$

六、思考题

1、试总结迈克耳孙干涉仪的调整方法和技巧。

2、怎样检查 M_1、M_2 两镜是否相互垂直？

3、是否所有圆形干涉条纹都是等倾干涉条纹？怎样区分它们？

4、移动 M_1，从看到的实验现象中，如何判断 M_1 与 M_2 的距离 d 是在增大还是在减小？

七、注意事项

1、迈克耳孙干涉仪是精密光学仪器，操作、调节时应轻、慢、平滑。

2、精心保护分光板、补偿板和平面反射镜，必须保持镜面清洁，切忌用手直接触摸镜面。镜面一经玷污，仪器将受损而不能正常使用。

3、改变 d 的过程中，不得将拖板调至导轨尽头，以免损坏仪器。

4、实验开始前和实验结束后，所有调节螺钉均应处于放松状态，调节时应先使之处于中间状态，以便有双向调节的余地，调节动作要均匀缓慢。

5、调节微动手轮进行测量时，特别要避免回程误差。

6、实验中要注意安全，特别是注意 He-Ne 激光器的使用，绝对不能将激光对准眼睛。

实验二十三　发光二极管特性测量

一、实验目的

1、了解发光二极管的结构及工作原理。

2、熟悉发光二极管的基本性能。

3、掌握发光二极管的光照度与驱动电流的关系。

二、实验原理

发光二极管（Light Emitting Diode），简称为 LED，是一种常用的发光器件。其核心部分是由 P 型半导体和 N 型半导体组成的晶片，在 P 型半导体和 N 型半导体之间有一个过渡层，称为 PN 结。发光二极管与普通二极管一样具有单向导电性。当给 PN 结加上反向电压时，发光二极管将处于反向截止状态，不发光。当加上正向偏置电压时，由 P 区注入 N 区的空穴和由 N 区注入 P 区的电子，在 PN 结附近数微米内分别与 N 区的电子和 P 区的空穴复合，产生自发辐射的荧光。由于不同的半导体材料中电子和空穴所处的能量状态不同，因此电子和空穴复合时所释放出的能量也不同。发光二极管所发光的波长与半导体材料的禁带宽度 E_g 有关，可由下式决定

$$\lambda_p = hc / E_g \qquad (23\text{-}1)$$

式中，h 为普朗克常数，c 为光速。若要产生可见光（波长为 380～780nm），E_g 应在 3.26～1.63eV 之间。在实际的半导体材料中，E_g 有一定的宽度，因此发光二极管发出的光波长不是单一的，其光谱带宽一般为 25～40nm，且随半导体材料的不同而有所差别。

发光二极管的反向击穿电压大于 5V，它的正向伏安特性曲线很陡，因此使用时必须串联限流电阻以控制通过二极管的电流。发光二极管的输出光功率 P 与其驱动电流 I 之间的关系由下式确定

$$P = \eta E_p I / e \qquad (23\text{-}2)$$

式中，η 为发光二极管的量子效率，E_p 为光子能量，e 为电子电量。由该式可知，发光二极管的输出功率与其驱动电流呈线性关系。但是，当驱动电流过大时，由于 PN 结无法及时散热，发光二极管的发光效率将降低，因此输出光功率会出现饱和现象。

发光二极管的伏安特性曲线如图 23-1 所示，当所加的正向偏置电压低于某一数值（阈值）时，电流很小，发光二极管不发光。当电压超过阈值后，正向电流随电压的增大将迅速增大，发光二极管将发光。由伏安特性曲线可得到发光二极管的正向偏置电压、

反向电流及反向电压等参数。正向的发光二极管反向漏电流 $I_R<10\mu A$。

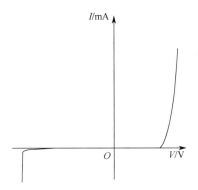

图 23-1　发光二极管的伏安特性曲线

发光二极管的极限参数：

1、允许功耗 P_m：允许加在发光二极管两端的正向直流电压与流过它的电流之积的最大值。超过此值，发光二极管将发热、损坏。

2、最大正向直流电流 I_{Fm}：允许加在发光二极管上的最大正向直流电流，超过此值，发光二极管将损坏。发光二极管正常工作时的正向直流电流 I_F 通常要小于 $0.6I_{Fm}$。

3、最大反向电压 V_{Rm}：允许的最大反向电压，超过此值，发光二极管可能被击穿。

4、工作环境温度 T_{opm}：发光二极管可正常工作的环境温度范围，在此温度范围之外时，发光二极管将无法正常工作，工作效率将大大降低。

三、实验仪器

THQPE-1 型光电探测原理实验仪，万用表。

四、实验步骤

（一）测量发光二极管的伏安特性曲线

1、按图 23-2，将 THQPE-1 型光电探测原理实验仪上的直流稳压电源、电压表、二极管、变阻箱接入电路。

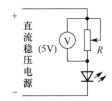

图 23-2　发光二极管伏安特性曲线测量电路

2、将直流稳压电源的输出电压调节为 $E=5V$。

3、改变变阻箱的电阻值 R，由电压表测量电阻两端的电压 U_0，则加在发光二极管两端的电压为 $U=E-U_0$，流过发光二极管的电流 $I=U_0/R$。改变电阻值 R，测量不同正向偏置电压 U 下，发光二极管的电流值，将实验数据填入表 23-1，并画出其伏安特性曲线。

4、由伏安特性曲线确定发光二极管正向偏置电压阈值。

（二）测量发光二极管的电流-光照度关系曲线

1、按图 23-3 接线，将直流电表和发光二极管串联接入实验仪上的 LED 光源驱动恒流源中。

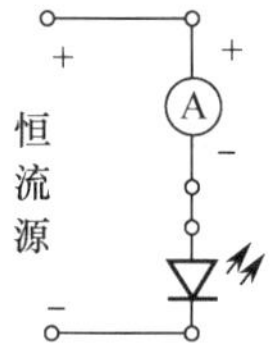

图 23-3　发光二极管特性测量实验接线图

2、实验仪上的光照度计选择"2000Lx"挡，直流电流表选择"20mA"挡。

3、将电流调节电位器逆时针旋到底，打开电源开关，顺时针旋转电流调节电位器，将电流表和光照度计的读数记入实验结果表格中。

4、根据实验数据作出发光二极管的电流-光照度关系曲线，并总结说明发光二极管的发光特性。

五、实验记录及结果

将实验结果填入表 23-1 和表 23-2 中。

表 23-1　发光二极管的伏安特性曲线测量

正向偏置电压(V)								
电阻（Ω）								
电流（mA）								

表 23-2　发光二极管发光特性测量

电流（mA）	2	4	6	8	10	12	14	16	18
光照度（Lx）									

实验二十四　光敏电阻特性测量

一、实验目的

了解光敏电阻的工作原理及其基本特性。

二、实验原理

光敏电阻利用的是半导体材料的光电导效应，在无光照时，光敏电阻具有很高的阻值；在有光照时，当光子的能量大于材料的禁带宽度时，价带中的电子将吸收光子的能量跃迁至导带，激发出电子-空穴对，从而使阻值降低。入射光越强，激发的电子-空穴对越多，电阻值越低。光照停止后，自由电子与空穴复合，导电性能下降，电阻恢复原值。

光敏电阻的光照特性是非线性的，因此不适合作为线性光敏元件，这也是光敏电阻的缺点之一。所以在自动控制中光敏电阻常用作开关量的光电传感器使用。光敏电阻无极性，其工作特性与入射光光强、波长及外加电压有关。

三、实验仪器

THQPE-1 型光电探测原理实验仪，万用表。

四、实验步骤

（一）亮电阻和暗电阻测量

1、将光源驱动接到发光二极管两端。

2、用万用表测量光敏电阻的阻值，$R_暗 > 20\text{M}\Omega$。

3、按图 24-1 接线。

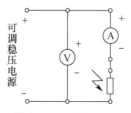

图 24-1　光敏电阻光照特性测量实验接线图

4、将电流调节电位器与电压调节电位器逆时针旋转到底，直流电压表选择内测，打开电源开关。

5、调节电源：调节电流调节电位器，使光照度计显示为 300Lx，调节电压调节电位器使直流电压表读数为+5V，读取电流表和电压表的读数分别为亮电流 $I_亮$ 和亮电压 $U_亮$。

6、计算 300Lx 光照条件下光敏电阻的亮电阻：$R_亮=U_亮/I_亮$。

（二）光敏电阻的光照特性测量

1、调节电压调节电位器使直流电压表读数为+5V。

2、调节电流调节电位器改变光照度计的值，将光照度计和电流的数据填入表 24-1 中，并计算光敏电阻在不同光照下对应的电阻值。

（三）光敏电阻的伏安特性测量

1、将光源驱动接到发光二极管的两端。

2、仍按图 24-1 接线。

3、调节电流调节电位器使光照度计显示为 100Lx，改变光敏电阻的工作电压值，将电流表读数填入表 24-2 中。

4、改变光照度计示数为 300Lx、500Lx，重复步骤 3，将数据填入表 24-3 与表 24-4 中。

五、实验记录及结果

将实验结果填入表 24-1～表 24-4 中。

表 24-1　光敏电阻的光照特性

光照度（Lx）	10	20	30	40	50	100	150	200	250	300	350
电流（mA）											
电阻（kΩ）											

表 24-2　100Lx 下光敏电阻的伏安特性

电压（V）	0.5	1	1.5	2	2.5	3	3.5	4	4.5	5	5.5
电流（mA）											

表 24-3　300Lx 下光敏电阻的伏安特性

电压（V）	0.5	1	1.5	2	2.5	3	3.5	4	4.5	5	5.5
电流（mA）											

表 24-4　500Lx 下光敏电阻的伏安特性

电压（V）	0.5	1	1.5	2	2.5	3	3.5	4	4.5	5	5.5
电流（mA）											

1、在表 24-1 中，计算光敏电阻在不同光照度下的电阻值，并画出光敏电阻的光照度-电阻曲线。

2、根据表 24-2～表 24-4 中的数据画出光敏电阻的伏安特性曲线。

六、思考题

总结光敏电阻的特性。

综合模块

实验二十五 角膜曲率半径的测定

一、实验目的

掌握测量角膜曲率半径的一种方法。

二、实验原理

角膜曲率半径测量原理图如图 25-1 所示。S_1、S_2 为两个点光源（实验中为 60W 的灯泡），T 为望远镜，放在 S_1 和 S_2 的中间位置，正对被测眼睛的角膜。将眼睛、点光源和望远镜置于同一平面，在紧靠角膜处放置两根垂直并相互平行的发丝，其距离为 d，若 S_1 和 S_2 在角膜中所成的像分别为 I_1 和 I_2，m 为 I_1 和 I_2 间的距离（像长度），用望远镜观察 I_1、I_2 和发丝。调节 S_1、S_2 间的距离 L，使在望远镜中看到两根发丝分别与 I_1、I_2 重合。

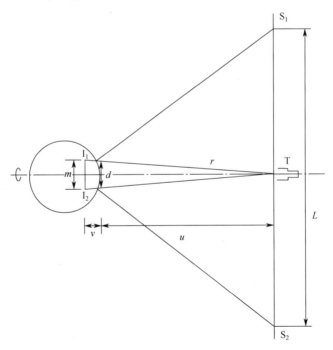

图 25-1 角膜曲率半径测量原理图

令 r 表示角膜曲率半径，u、v 分别表示灯泡对角膜的物距和像距，则根据球面镜成像公式有

$$\frac{2}{r} = \frac{1}{v} - \frac{1}{u} \qquad (25\text{-}1)$$

及

$$\frac{m}{L} = \frac{v}{u} \tag{25-2}$$

再由图中的几何关系

$$\frac{m}{d} = \frac{u+v}{u} \tag{25-3}$$

可得

$$r = \frac{2ud}{L-2d} \tag{25-4}$$

故若测出 u、L 及 d 等的值，就可由式（25-4）求得角膜的曲率半径 r。

三、实验仪器

低倍望远镜，60W 灯泡（两只），光具座，玻璃弹子，米尺。

四、实验步骤

1、按图 25-1 将 S_1、S_2 和 T 放在一光具座上，T 固定，S_1、S_2 可移动。将粘有发丝用于模拟眼睛的玻璃弹子和 S_1、S_2、T 放在一个水平面上并将它们和 T 的物镜间的距离设置为约 100cm，T 采用 10 倍望远镜，S_1、S_2 为 60W 的白炽灯泡。

2、调节望远镜，使其能看清两灯泡在眼内的像 I_1 和 I_2 及两根发丝。调节 S_1、S_2 间的距离 L，从而在望远镜中看到两根发丝正好重合在像 I_1、I_2 上。

3、在光具座上读出 S_1 和 S_2 的位置，求出 L。L 需重复测量 5 次，求其平均值和标准误差 ΔL。

4、用米尺测出 u，u 也需重复测量 5 次，求出平均值及标准误差 Δu。由式（25-4）求出角膜曲率半径 r 及标准误差 Δr（d 由实验室给出）。

提示：$\dfrac{\Delta r}{r} = \dfrac{\Delta L}{L-2d} - \dfrac{\Delta u}{u}$。

5、取下玻璃弹子，在该处放一窗。一名同学将一只眼睛正对该窗，并注视正前方，另一名同学按上面步骤测眼睛角膜的曲率半径 r'。

五、实验记录及结果

将实验结果填入表 25-1 中。

表 25-1　实验结果

$d=$＿＿＿＿cm

n	1	2	3	4	5	平均值	标准误差
L（cm）							
u（cm）							
L'（cm）							
u'（cm）							

注意：L' 和 u' 代表测量眼睛角膜时的相应值。

计算：按式（25-4）分别求出玻璃弹子及角膜的曲率半径 r 及 r'

$$\bar{r} = \frac{2\bar{u}d}{\bar{L}-2d} = \qquad\qquad\qquad \bar{r}' = \frac{2\bar{u}'d}{\bar{L}'-2d} =$$

并计算 Δr 及 $\Delta r'$，最后将结果表示为

$$r = \bar{r} \pm \Delta r = \qquad\qquad\qquad r' = \bar{r}' \pm \Delta r' =$$

六、思考题

1、d 的大小约为 3mm，若要你们自己测量，该用什么工具？

2、灯泡 S_1 和 S_2 什么时候可以视为点光源？若不能视为点光源，怎么办？

实验二十六　放射线的衰变规律

一、实验目的

1、掌握智能化 γ 辐射仪的使用方法。

2、验证 γ 射线的衰变规律。

3、学会测量半衰期的方法。

二、实验原理

γ 射线的衰变规律如下：

$$I = I_0 e^{-\lambda t}$$

式中，I_0 和 I 分别为 0 时刻和 t 时刻 γ 射线的强度线性衰减系数，λ 为衰变系数。若假设 t_1 时刻和 t_2 时刻测到的射线强度分别为 I_1 和 I_2，可得

$$I_1 = I_0 e^{-\lambda t_1}$$
$$I_2 = I_0 e^{-\lambda t_2}$$
$$I_1 / I_2 = e^{-\lambda t_1} / e^{-\lambda t_2}$$
$$\ln(I_1 / I_2) = \lambda(t_2 - t_1)$$
$$\lambda = \frac{\ln I_1 - \ln I_2}{t_1 - t_2}$$
$$T_{\frac{1}{2}} = \frac{0.693}{\lambda}$$

$T_{\frac{1}{2}}$ 为射线在通过物质后强度衰减一半所需的时间。

　　吸收剂量为受照射物体单位质量所吸收的辐射能量。剂量当量率 H' 为将单位时间不同射线吸收剂量折成具有相同生物效应的 X（γ）射线的吸收剂量后的值。由于射线强度与剂量当量率具有比例关系，λ 可写成

$$\lambda = \frac{\ln H'_1 - \ln H'_2}{t_1 - t_2}$$

三、实验仪器

FD-3031B γ 辐射仪，放射源，镊子（供夹铅片及放射源使用）。

FD-3031B γ 辐射仪结构示意图和面板示意图分别如图 26-1 和图 26-2 所示。

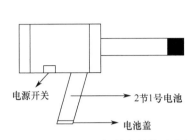

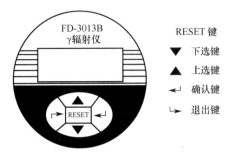

图 26-1　FD-3031Bγ 辐射仪结构示意图　　图 26-2　FD-3031Bγ 辐射仪面板示意图

开机后仪器做监测用。其每秒显示当前 3 秒的测量平均值，因此对放射性突变（如靠近某个放射源）有很强的反应能力。但由于测量时间较短，对于低水平放射性测量有一定的读数统计涨落。

仪器提供四种不同的辐射剂量当量率报警值，分别为 0.25μSv/h、2.5μSv/h、10μSv/h 和 20μSv/h，并配以提示声响，适用于不同的应用场所，也可以按要求选择感兴趣的报警值。仪器开机后此报警值默认为三倍本底值 0.25μSv/h（注意：本底值存在地区差异，在空旷开阔的湖面测得的本底值要低于 0.08μSv/h，而在混凝土建筑内，本底值通常要高于这个水平）。

四、实验步骤

1、按下电源开关键，仪器显示"欢迎使用测量仪 FD-3013B"并进入自检状态，显示"系统自检请等待…请进行键操作"

2、按"←┘"键则进入"希沃测量"状态进行测量，按"▲"、"▼"或"↳"键则进入系统主目录。进入系统主目录后，再按"▲"或"▼"键则逐一显示系统目录中"剂量报警""单位换算""希沃测量""微伦测量"四个选项，点亮任一被选项后再按"←┘"键即激活该被选项。在任何状态下，按 RESET 键则进入"请进行键操作"状态，按"▲"、"▼"或"↳"键则可进入系统主目录。

3、激活"希沃测量"选项后，仪器进入测量状态，显示当地的辐射剂量当量率当前 3 秒的测量平均值和报警值，测量单位为"微希沃特/小时"（μSv/h），报警值被默认为三倍本底值。当测量值超出报警值时，仪器有声响报警提示。结束测量时按"←┘"键返回主目录。

4、固定好辐射仪，测量没有放射源的情况下空间的辐射剂量当量率即为本底值 H'_0。

5、打开装有放射源的铅盒，将放射源置于探头下方，记下 H'_1，之后每隔 15 分钟，分别记下 H'_2、H'_3、H'_4、H'_5、H'_6。

五、实验记录及结果

本底剂量当量率 H'_0=＿＿＿＿＿＿＿。

将实验结果记入表 26-1 中。

表 26-1　实验结果

序号	时间	辐射剂量当量率 H'（μSv/h）	$\Delta H'$（μSv/h）
1			
2			$\Delta H'=H'_2-H'_1=$
3			$\Delta H'=H'_3-H'_2=$
4			$\Delta H'=H'_4-H'_3=$
5			$\Delta H'=H'_5-H'_4=$
6			$\Delta H'=H'_6-H'_5=$

（1）计算 λ、$T_{\frac{1}{2}}$。

（2）作 $\ln H'\text{-}t$ 图。

实验二十七　核磁共振试样分析

一、实验目的

1、了解核磁共振的原理。

2、掌握核磁共振实验系统的使用方法。

3、学会利用试样的核磁共振频率测量待测磁场强度、试样旋磁比和核磁矩。

二、实验原理

具有核自旋的电子核，在恒定的外磁场中，其核磁矩能取各种量子化的方位，若在垂直于恒定磁场的方向加一交变磁场，在适当的条件下，它能改变磁矩的方位，使磁矩体系选择性吸收特定频率的交变磁场能量，呈现共振现象。本实验根据此原理配备核磁共振实验系统，完整的核磁共振实验系统由核磁共振探头、电磁铁及磁场调制系统、磁共振实验仪以及外接的频率计和示波器构成。

（一）核磁共振探头

核磁共振探头一方面提供射频磁场B_1，另一方面通过电子电路对B_1中的能量变化加以检测，以便观察核磁共振现象。核磁共振探头的原理如图27-1所示。图中边缘振荡器是指被调谐在临界工作状态的振荡器，这样不仅可以防止核磁共振信号饱和，而且当样品有微小的能量吸收时，可以引起振荡器的振幅有较大的相对变化，提高检测核磁共振信号的灵敏度。在未发生共振时，振荡器产生等幅振荡，经检波器输出的是直流信号。当满足共振条件发生共振时，由于样品吸收射频磁场的能量，使振荡器的振荡幅度变小，因此射频信号的包络变成由核磁共振吸收信号调制的调幅波，经检波器放大后，就可以将反映振荡器幅度大小变化的核磁共振吸收信号检测出来。

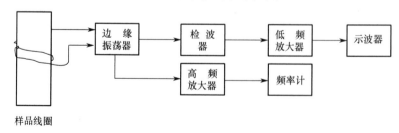

图 27-1　核磁共振探头的原理

（二）电磁铁及磁场调制系统

磁场由稳流电源激励电磁铁产生，保证磁场可以在从 0 到几千高斯的范围内连续可调。电磁铁及磁场调制系统如图 27-2 所示。

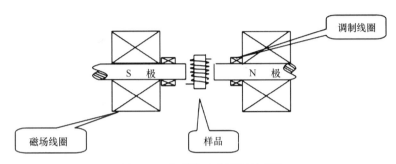

图 27-2　电磁铁及磁场调制系统

为了能在示波器上连续观测到核磁共振吸收信号，需要在样品所在的空间使用调制线圈来产生一个弱的低频交变磁场 B_m，叠加到稳恒磁场 B_0 上去，使得样品 ^{1}H 核在交流调制信号的一个周期内，只要调制磁场的幅值及频率适当，就可以在示波器上得到稳定的核磁共振吸收信号。从原理公式 $\omega_0=\gamma B_0$ 可以看出，每个磁场只能对应一个射频频率（发生共振吸收），而要在十几兆赫的频率范围内找到这个频率是很困难的，为了便于观察核磁共振吸收信号，通常在稳恒磁场方向上叠加一个弱的低频交变磁场 B_m，如图 27-3 所示（上图为 B_0 和 B_m 叠加后随时间变化的情况，下图为射频磁场 B_1 的振荡电压幅值随时间变化的情况，图中的 B_0' 为某一射频频率对应的共振磁场）。此时样品所在处所加的实际磁场为 B_0+B_m，由于调制磁场的幅值不大，因此磁场的方向仍保持不变，只是磁场的幅值随调制磁场周期性变化，其相应的角频率为 ω_0'。

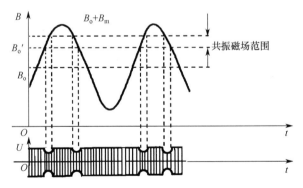

图 27-3　核磁共振吸收信号原理图

此时只要将射频磁场的角频率 ω_1 调节到 ω_0' 的变化范围内，同时调制磁场的峰-峰值大于共振磁场的范围，便能用示波器观察到核磁共振吸收信号，因为与 ω_1 相对应的共振磁场只有在被（B_0+B_m）扫过的期间内才能发生核磁共振，可观察到核磁共振吸收信号，其他时刻不满足共振条件，没有核磁共振吸收信号。磁场的变化曲线上，在一个周期内能观察到两个核磁共振吸收信号，若在示波器上出现间隔不等的核磁共振吸收信号，如图 27-4（a）所示，则是因为对应射频频率发生共振时磁场 B_0' 的幅值不等于稳恒磁场的幅值。这时如果改变稳恒磁场 B_0 的幅值或射频磁场 B_1 的频率，都能使核磁共振吸收信号的相对位置发生变化，出现"相对走动"的现象。

　　　若出现间隔相等的核磁共振吸收信号，如图 27-4（b）所示，则其相对位置与调制磁场 B_m 的幅值无关，且随着 B_m 幅值的减小，信号会逐渐变小、变宽。如图 27-4（c）所示，此时即表明 B_0' 与 B_0 相等。

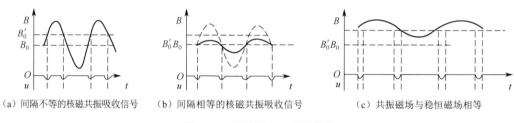

（a）间隔不等的核磁共振吸收信号　　　（b）间隔相等的核磁共振吸收信号　　　（c）共振磁场与稳恒磁场相等

图 27-4　示波器上出现的信号

（三）磁共振实验仪

　　　磁共振实验仪面板各功能及接线示意图如图 27-5 所示。

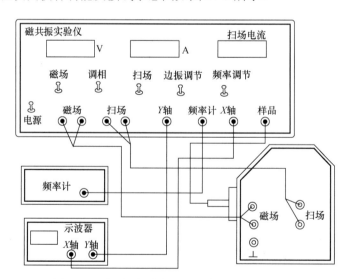

图 27-5　磁共振实验仪面板各功能及接线示意图

　　　1、磁场：磁场强度旋钮。由于本装置采用电磁铁激励磁场，因此调节磁场强度时，只需改变激励电磁铁的电流，即可实现较大范围场强的变化。数字电流表显示激励电磁铁的电流，该电流由磁场接线柱输出。

2、扫场：能够调节扫场旋钮，可使共振信号在水平方向变窄并改变尾波的节数，面板上的扫场电流表能够指示流过调制线圈的电流大小。

3、调相：通过调节输入示波器 X 轴信号的相位，可以调节蝶形共振信号的相对位置。

4、边振调节：用于改变边缘振荡器的边缘振荡状态和信号幅度。

5、频率调节：用于改变边缘振荡器的振荡频率。

三、实验仪器

核磁共振探头、电磁铁及磁场调制系统、磁共振实验仪、频率计、示波器。

1、按图 27-5 连接系统，将样品探头小心插入电磁铁上的探头座内。

2、调节磁共振实验仪的"磁场"旋钮，使电流表指示为 1.7A 左右（此时的电压值仅供参考）。调节"扫场"旋钮，使扫场电流表指示为 70%左右。在示波器上可以看到带有噪声的扫描线，表示边缘振荡器已进入工作状态。若数字频率计上有频率指示，表明边缘振荡器已起振。若数字频率计指示为"0"，则转动"边振调节"或"频率调节"旋钮，直到有频率指示。再通过调节"频率调节"旋钮，使示波器上可观测到核磁共振吸收信号。出现信号后，细调"边振调节"和"磁场"旋钮，并前后移动探头的位置，使信号达到最强。

在仪器调节和使用过程中，可能会出现低频干扰，可以通过将装置各部件外壳相连、接地或调整仪器布局等方法来解决。由于产生低频干扰的原因比较复杂，消除也较困难，具体采用什么措施好，需要通过实验根据不同情况选择不同的方法。当改变样品或者改变振荡频率时，应通过调节"边振调节"旋钮，重调边缘振荡器工作状态（本装置 ^1H 的共振频率在 12.8～13.4 MHz 时，实验效果较好）。

四、实验步骤

1、用水做样品，观察质子（^1H）的核磁共振吸收信号，并测量磁场强度。

本实验采用连续波方式产生核磁共振，并用自插法检测核磁共振吸收信号。实验时，首先将被测样品装入振荡器本身的回路线圈内，并把这个含有样品的线圈放到稳恒磁场中，线圈放置的位置必须保证使线圈产生的射频磁场方向与稳恒磁场方向垂直。然后接通电源，使射频振荡器发生某个频率的振荡，并连续不断地加到样品线圈上。这时根据共振条件 $\omega_0 = \gamma B_0$（ω_0 为射频磁场电磁波的角频率，B_0 为稳恒磁场的强度，γ 为核的旋磁比），通过固定 ω_0 而逐步改变 B_0 或固定 B_0 而逐步改变 ω_0 办法，使之达到共振点。同时，将一 50Hz 正弦交流电外加到电磁铁的调制线圈上，并同时分出一路，通过移相器接到示波器的水平输入轴上，以实现二者的同步扫描。当磁场扫描到共振点时，可在示波器上观察到如图 27-6 所示的两个形状对称的蝶形信号波形，对应于调制磁场 B_m 一个周期内发生的两次核磁共振，再细心地将波形调节到示波器荧光屏的中心位置上，并使两峰重合，这时质子共振频率和磁场满足条件 $\omega_0=\gamma B_0$。若用示波器扫描，则可见到如图 27-4（b）所示的等间隔的核磁共振吸收信号。

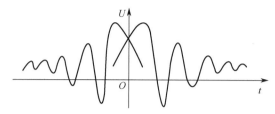

图 27-6　对称的蝶形信号波形

由于质子旋磁比已知（$\gamma_H=2.67522\times10^2$MHz/T），因此只要测出与待测磁场相对应的共振频率 F_H 即可由公式 $B_0=\dfrac{\omega}{\gamma_H}=\dfrac{2\pi F_H}{\gamma_H}$ 算出被测磁场强度。式中，频率的单位为 MHz。

2、用聚四氟乙烯做样品，观察 ^{19}F 的核磁共振现象，并测定其旋磁比 γ_F 和核磁矩 μ_I

由于 ^{19}F 的核磁共振吸收信号比较弱，因此观察时要特别细心，应缓慢调节磁场或射频频率，找到核磁共振吸收信号并调节其为间隔相等的，测量射频频率 F_H 和磁场 B_F，即可算出 ^{19}F 的旋磁比。因为质子旋磁比 γ_H 已知，磁场 B_F 用 ^{1}H 核磁共振的方法测定，可用公式

$$\gamma_H = 2\pi\frac{f_F}{B_H} = \frac{f_H\gamma_H}{f_H} \tag{27-1}$$

计算出 ^{19}F 的旋磁比。其中，f_F 和 f_H 分别为 ^{19}F 和 ^{1}H 的核磁共振频率。
由 $\mu_I=\gamma_F P_I$，$P_I=\hbar I$ 可知

$$\mu_I = \gamma_F\hbar I \tag{27-2}$$

其中，$\hbar=\dfrac{h}{2\pi}$，所以有

$$\mu_I = hI\gamma_F / 2\pi \tag{27-3}$$

式中，h 为普朗克常数，$h=6.62608\times10^{-34}$J·S。I 为自旋量子数，^{19}F 的 I 值为 1/2。

五、实验记录及结果

1、水样品（^{1}H）：质子旋磁比 $\gamma_H=2.67522\times10^2$MHz/T，将实验结果填入表 27-1 中。

表 27-1　水样品（^{1}H）实验结果

实验次数	1	2	平均值
共振频率 f_H（MHz）			

磁场强度 $B_0=$

2、聚四氟乙烯样品（^{19}F）：磁场强度不变，$B_F = B_0$，将实验结果填入表 27-2 中。

表 27-2　聚四氟乙烯样品（^{19}F）实验结果

实验次数	1	2	平均值
共振频率 f_F（MHz）			

^{19}F 旋磁比 $\gamma_F =$　　　　　　　核磁矩 $\mu_I =$

实验二十八　印相及放大技术

一、实验目的

初步掌握印相及放大的基本知识和技术。

二、实验原理

印相及放大的光学原理和实物摄影的光学原理是很相似的。经过感光及显影的胶卷，由于光的化学作用，其上面的景物黑度和实际的景物黑度刚好相反，即黑的实物转化为底片上白的像，而白的实物则转化为底片上黑的像。例如，黑色的头发，在底片上则呈现为白色的，因此人们称底片为负片。为了要得到和实际景物黑度相同的照片，还需要进行第二次光化学转化，将感光纸在底片上直接印相或放大成正像的照片。

在印相及放大时，应根据底片的实际情况（底片的密度与反差）选择感光纸和曝光时间。所谓底片的密度，通俗地讲就是底片上银粒变黑的程度，底片上黑色银粒集结得多就叫密度大，黑色银粒集结得少就叫密度小。密度的大小，涉及印相及放大时曝光时间的长短。而反差是指一张底片上的明暗差别，明暗对比强烈的叫反差大（或强），反之叫反差小（或弱），反差强弱关系到相纸的选择。因为密度与反差都是通过黑色银粒的集结程度来显示的，所以尽管这两者在概念上有差别，但实际上它们又是有内在联系的。一般情况下，密度大，反差也大，密度小，反差也小，但也有例外。

感光纸（相纸）的种类较多，目前国产的相纸有 1 号（软）、2 号（中）、3 号（较硬）及 4 号（硬）四种规格，号码越大，表示感光速度越慢，反差越大。印相及放大时应根据底片的反差等级来选择相纸。反差大的底片应配反差小的相纸，反之，反差小的底片则应配反差大的相纸，见表 28-1。

表 28-1　底片的反差等级与相纸的规格

底片的反差	相纸的规格
大	1 号（软）
小	3、4 号（较硬、硬）
适中	2 号（中）

三、实验仪器

安全灯（暗室照明的红灯）、印相机（见图 28-1，其中红灯是安全灯，乳白灯是照明光源）、放大机（见图 28-2）、相纸、各种药液（见图 28-3）、镇纸板（见图 28-4）及上光机等。

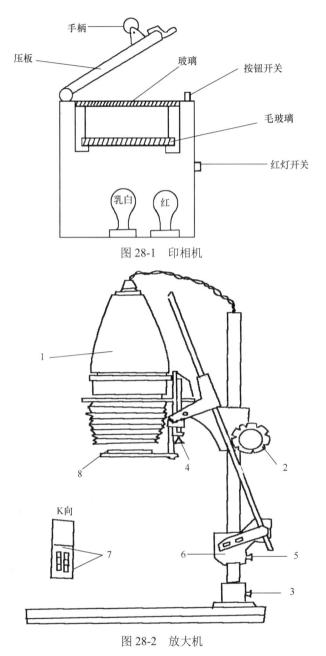

图 28-1　印相机

图 28-2　放大机

1—灯罩；2—升降轮；3—紧定螺钉；4—微调螺钉；5—定位螺钉；6—固定块；7—横支架螺钉；8—底片架

图 28-3　各种药液

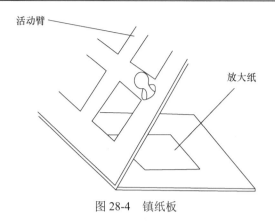

图 28-4 镇纸板

四、操作步骤

（一）准备工作

1、将印相机玻璃及底片上的灰尘用手帕或柔软毛刷擦干净。

2、按照片的尺寸制作黑纸框。

3、观察底片和相纸的药膜面和非药膜面（背面）。在红灯下，底片的背面迎着光看有反光，而药膜面无反光。相纸的药膜面是光滑的（有反光）。在印相及放大时，底片的药膜面均应对着相纸的药膜面。

4、将各种药液按图 28-3 所示的顺序排列。

（二）印相

1、点亮印相机内的安全灯，将底片放在玻璃上，套黑纸框。调节亮度旋钮到适当位置。

2、取试样相纸做实验：

（1）将试样相纸放在底片上，另用黑纸条盖住相纸条的 4/5。

（2）关掉印相机内的安全灯，并将压板按下，此时印相机内照明光源（暗室照明的乳白灯）点亮，相纸曝光。曝光时间可用计时器或默读数字（速度要均匀）的方法确定，相纸曝光 2 秒后，立即打开印相机的压板。

（3）将黑纸条后移 1/5 位置，再将相纸曝光 2 秒，这样逐渐后移使得试样相纸各部分的曝光时间分别为 10、8、6、4、2 秒。

（4）将相纸投入显影液中让其显影 3 分钟，找到合适的曝光时间。

3、将相纸放在底片上，根据试样时取得的结果进行曝光。

4、用夹子将曝光后的相纸药膜面朝下放在显影液中。

5、显影 1 分钟后，将相纸药膜面朝上翻过来，此时应注意相纸上的黑白色调变化，当黑白色调达到合适程度时，立刻用夹子将它投入清水盆中，并用另一把夹子很快地将其取出并投入定影液中（注意：第一把夹子不得和清水接触）。

6、定影时间一般为 10～15 分钟，中间要适当地翻动照片，以保证定影质量。

7、将照片投入清水盆中冲洗，时间越长越好。

8、将冲洗后的照片放在上光机上上光，待干后取出，裁边。

（三）放大

1、将放大机内的底片架（底片夹）拉出，擦干净玻璃上的灰尘。

2、将底片安装进底片架中，药膜面向下，然后一起装进放大机中待放大。

3、将镇纸板放在放大镜头下方，将一张废相纸（其背面向上）或其他白纸装进镇纸板内。

4、点亮放大机内照明光源，升降放大机镜头进行对焦，使投射到相纸上的影像全部清晰。

5、移动镇纸板或它的两个活动臂，在放大后的图像上取景。

6、切断放大机电源，取一条放大纸（药膜面向上）放在放大图像的主要部位（如人像中的眼睛或风景照中的主题区域）上，进行类似于印相操作的试样，以便测得合适的曝光时间。

7、将放大纸装进镇纸板中，依据试样时取得的曝光时间开机进行曝光。

8、按印相的操作步骤将曝光后的放大纸依次投入各种药液中，进行显影、定影、冲洗和上光等操作。

五、注意事项

1、在显影液中不得滴入定影液，否则将使显影液失效。因此操作时，务必严格实行隔离。

2、拿底片时应拿底片的周围，不能污染底片的中央部位，以免在底片上留下擦不掉的指纹。切勿用有汗的手摸相纸的药膜面。

3、印相和放大完毕后，应将药液倒回瓶子，并立即用水冲洗盛放药液的盆子，否则盆子上会产生很难洗掉的黄垢。

4、显影液会使衣服褪色，使用时应加以注意。

实验二十九　透射光谱法测量物质的吸收特性

一、实验目的

1、了解光纤光谱仪的结构及工作原理。

2、掌握用光纤光谱仪测量物质透射光谱的方法。

3、掌握朗伯-比尔定理，并能用其计算物质的吸光度、消光系数、吸收系数。

二、实验原理

1929 年，伯格（Bouguer）和朗伯（Lambert）各自独立发现：对于一个具有均匀吸收粒子分布的介质，设平行光在其中传播，介质所吸收的光能依赖于吸收物质、入射光的波长及吸收层厚度。若吸收物质的浓度一定，则对连续吸收薄层求和或对确定厚度积分，可以得到透射的光强与吸收层厚度之间的关系。

对于厚度无限薄的吸收层 $\mathrm{d}l$，某波长下辐射能的减少由下式给出

$$-\frac{\mathrm{d}I}{I} = \varepsilon C \mathrm{d}l \tag{29-1}$$

式中，ε 称为摩尔消光系数，其单位为 $\mathrm{mM^{-1} \cdot cm^{-1}}$ 或者 $\mathrm{\mu M^{-1} \cdot mm^{-1}}$（M 为摩尔浓度的符号），是吸收物质在特定溶剂中、特定波长处的特性，不随浓度 C 和光程的改变而改变。

设入射到介质中的初始光强为 I_0，测量得到的传输光强为 I，对整个吸收介质的长度 l 积分 $\int_{I_0}^{I} \frac{\mathrm{d}I}{I} = -\varepsilon \int_0^l C \mathrm{d}l$，可得

$$\ln \frac{I}{I_0} = -\varepsilon(\lambda) C l \tag{29-2}$$

或

$$I = I_0 \mathrm{e}^{-\mu_a l} \tag{29-3}$$

式中，l 为介质厚度，$A = \ln\left(\dfrac{I_0}{I}\right)$ 为吸光度，$\mu_a(\lambda) = \varepsilon(\lambda) C$ 为介质的吸收系数，式（29-3）称为朗伯定律。

1852 年，比尔（Beer）也独立导出了一个描述吸收和分子数目之间关系的相似公式，其表述为对溶解在非吸收介质中的吸收物质、溶液或介质所吸收的辐射能是溶液中吸收物质的浓度和辐射通过样品溶液的光程的指数函数。或者说，光密度 $\mathrm{OD} = \lg(I_0/I)$ 正比于溶液中吸收分子的浓度，即

$$OD = \lg\left(\frac{I_0}{I}\right) = \alpha(\lambda)Cl \qquad (29\text{-}4)$$

式中，$\alpha(\lambda) = \dfrac{\varepsilon(\lambda)}{\ln 10}$ 称为比消光系数。根据其定义可知，比消光系数也是吸收物质在特定溶剂中、特定波长下的特性，不随吸收物质的浓度和光程长度的改变而改变。式（29-4）通常称为朗伯-比尔定理（Lambert-Beer's Law）。

在朗伯-比尔定理中，假设入射光是单色的，吸收过程中吸收物质的行为互不相关，且没有荧光化合物或者引起辐射改变的化合物存在，此时，对于具有 n 种吸收物质的溶液，由式（29-4）可知，溶液总的光密度可以写成

$$OD(\lambda) = \sum_{i=1}^{n} \alpha_i(\lambda)C_i l \qquad (29\text{-}5)$$

实验中利用光纤光谱仪可以测量不同样品的透射光谱。观察不同样品的吸收峰，同时采样得到样品在不同波长下的透射光强，与参考光强进行比较，利用朗伯-比尔定理即可得到样品的吸光度、浓度等信息。

三、实验仪器及用品

HR2000 型光纤光谱仪（如图 29-1 所示），卤钨灯（LS-1），石英比色皿，样品池，叶绿素铜钠盐，无水乙醇，锥形瓶，烧杯，电子天平。

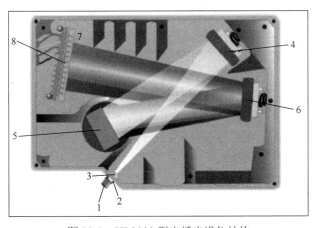

图 29-1　HR2000 型光纤光谱仪结构

1—SMA 连接器；2—狭缝；3—滤波器；4—准直镜；5—光栅；6—聚焦镜；7—L2 探测器采集透镜组；8—CCD 探测器

四、实验步骤

1、用电子天平称一定质量的叶绿素铜钠盐粉末，将其溶解于无水乙醇中，配制成一定浓度的叶绿素铜钠盐溶液。

2、用两根光纤分别连接卤钨灯与样品池，以及样品池与光纤光谱仪。

3、封闭光纤光谱仪光路，测量暗光谱并记录（一般为 0）。

4、打开卤钨灯光源，等待一段时间使光源稳定。

5、在石英比色皿中装入一定量的无水乙醇，用光纤光谱仪测量参考光谱 I_0 并记录。

6、在石英比色皿中装入一定量的叶绿素铜钠盐溶液，用光纤光谱仪测量透射光谱 I 并记录。

7、按比例稀释叶绿素铜钠盐溶液，观察不同浓度下透射光谱的变化并记录。

8、计算不同浓度叶绿素铜钠盐溶液的光密度 OD=lg(I_0/I)，观察光密度曲线随浓度的变化。

9、选择光密度曲线峰值对应的波长，画出该波长下光密度随叶绿素铜钠盐溶液浓度的变化曲线。

10、由朗伯-比尔定理计算叶绿素铜钠盐溶液在峰值波长下的比消光系数、吸收系数。

11、关闭仪器，清洗石英比色皿。

五、实验记录及结果

将实验结果填入表 29-1 中。

表 29-1　不同浓度叶绿素铜钠盐溶液下的光密度

峰值波长 λ_1=_____nm

溶液浓度							
光密度							

1、画出不同浓度下叶绿素铜钠盐溶液的透射率曲线。

2、画出不同浓度下叶绿素铜钠盐溶液的光密度曲线，确定峰值波长对应的光密度随浓度的变化，计算峰值波长下叶绿素铜钠盐溶液的比消光系数、吸收系数。

六、思考题

1、如果暗光谱较大，如何在计算吸光系数时将其扣除？

2、实验测得的叶绿素铜钠盐溶液的比消光系数、吸收系数是常数吗？如果不是，造成这一现象的可能原因是什么？

实验三十　光镊操控微粒实验

一、实验目的

1、加深对光的动量属性的认识。

2、了解光的力学效应。

3、了解光镊技术和全息光镊技术。

二、实验原理

（一）光镊俘获微粒的物理原理

由于光子具有动量，因此当光照射在物体上时，光子的动量会发生变化，由动量守恒定律可知，物体的动量也会相应发生变化，即物体会感受到光辐射产生的压力，通常称为光辐射压力或者光压。在特定的光场分布下，光对物体也有可能产生拉力，从而产生特殊的束缚粒子的光势阱。1986 年，美国科学家 Ashkin 首次实现利用单束激光三维俘获微粒，即光镊，并于 2018 年获诺贝尔物理学奖。

我们以透明电介质小球作为模型来讨论光与物体的相互作用。假设小球的尺寸远大于光波长，我们可以用光的折射和反射来解释光镊的物理原理。

如图 30-1 所示，当物镜聚焦后的光线经过透明微粒时，假设微粒的中心在聚焦焦点的正下方。具备动量 k_i 的入射光发生两次折射，并以动量 k_s 出射，此时光子减少的动量为 $g_1=k_i-k_s$。由动量守恒定律可知，微粒受到的动量同样也为 g_1。由于对称性，左右两边同样角度入射的光线，分别给予微粒 g_1 和 g_2 的动量，这两个动量的合矢量 g 恰好向上指向光线的聚焦位置。所以当光线经过聚焦从上往下穿过微粒时，微粒会感受到向上的拉力，这个力是由光线的折射产生的，而且沿着光束传输方向，我们称为纵向梯度力。

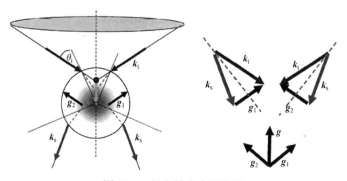

图 30-1　纵向梯度力示意图

考虑另一种情况，如图 30-2 所示，假设微粒的中心在光线聚焦点偏右的位置，左右对称的两束入射光（动量为 k_i）分别以动量 k_s 从不同方向射出，微粒获得的动量 g_1 和 g_2，其合矢量 g 的方向正好沿水平向左的方向。所以，此时微粒感受到向左的拉力，这个力我们称为横向梯度力。

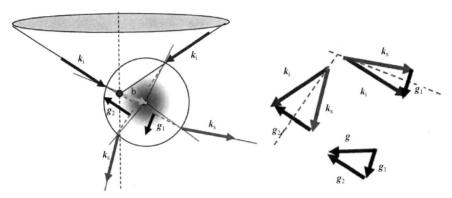

图 30-2　横向梯度力示意图

总之，高度聚焦的激光光束能够对微粒产生梯度力，这个力把微粒拉向聚焦的焦点位置。同时，光线照射在微粒上还会产生反射和吸收，由动量守恒定律可知，此时，微粒的动量将会受到沿着光传输方向的光散射力。当微粒受到的纵向梯度力大于散射力时，微粒就能够被俘获在焦点附近。

（二）全息光镊

普通的光镊一般利用高斯光束来俘获微粒。利用特殊光束可以实现特殊的光操控微粒效果，例如利用涡旋光束旋转微粒或利用 Airy 光束横向转移微粒等。在利用特殊光束以及多光束操控微粒的实验中，则需要用到全息光镊装置。假定 U_O 为物波，U_R 为参考波，则物波与参考波的干涉图样为

$$|U_O + U_R|^2 = U_O U_R^* + |U_R|^2 + |U_O|^2 + U_O^* U_R \tag{30-1}$$

将此干涉图样制备成全息片，全息片透过率为 T，此时

$$T = k U_O U_R^* + k|U_R|^2 + k|U_O|^2 + k U_O^* U_R \tag{30-2}$$

当参考波照射在全息片上时，可以将原来的物波再现

$$U_H = T U_R = k U_O |U_R|^2 + k|U_R|^2 U_R + k|U_O|^2 U_R + k U_O^* U_R^2 \tag{30-3}$$

式中，$k U_O |U_R|^2$ 即为再现的物波，利用这个方法可以制备各种全息片，并将其加载于空间光调制器中，产生所需要的光场，如涡旋光束、贝塞尔光束及 Airy 光束等。

通过将特殊光束引入光镊装置中，就可以实现全息光镊技术。

三、实验仪器及用品

全息光镊实验仪器（其光路图如图 30-3 所示），样品池，3μm 聚苯乙烯小球、4μm 酵母细胞、7μm 血红细胞。

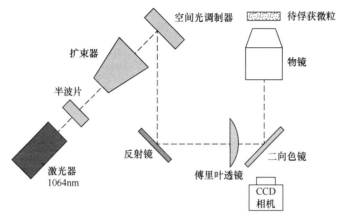

图 30-3　全息光镊实验仪器光路图

实验中所用的样品有很大的挑选余地，只要对所用的激光吸收很小，折射率比周围的液体小，尺度在微米量级就可以。实验中我们用的是悬浮于液体中的 2～10μm 的聚苯乙烯小球或酵母细胞。

四、实验步骤

（一）光镊的实验步骤

1、样品池中注入适量样品（3μm 聚苯乙烯小球、4μm 酵母细胞、7μm 血红细胞）。

2、开启激光，设定某一光强/电流值。使用光阱捕获样品中的一个微粒。

3、观察横向和纵向的操控效果，并用 CCD 相机拍摄俘获视频。

（二）特殊光束光镊的实验步骤

1、产生特殊光束的全息片。

2、利用 CCD 相机观察特殊光束的光强分布。

3、观察涡旋光束、贝塞尔光束、Airy 光束对微粒的操控效果，并用 CCD 相机拍摄俘获视频。

五、思考题

1、分析实验中影响光镊俘获微粒效果的因素。

2、特殊光束如何产生？在光镊中有何应用价值？

实验三十一　基于结构调制的生物组织光学参数测量

一、实验目的

1、了解空间频域成像的原理与方法。

2、掌握利用三相移解调技术解析组织光学参数的方法。

二、实验原理

光在生物组织（包括人体组织）中的传输、分布以及光与组织的相互作用通常由组织的光学特性参数进行描述，这些特定参数能够定量地描述组织的光学效应，例如，吸收系数（μ_a）和约化散射系数（μ_s'）分别表征了组织对入射光的吸收和散射能力。吸收系数与生物组织的组成成分及含量密切相关，不同组织的吸收系数差异较大，吸收系数的变化可以作为生理病理变化的诊断依据。约化散射系数取决于生物组织结构的大小和形貌，由疾病造成的结构变化会直接影响散射特性。因此，准确测量生物组织的光学参数具有重要的应用价值。

空间频域成像（Spatial Frequency Domain Imaging，SFDI）作为一种新颖的非接触、大视场的定量成像技术，允许同时快速映射出浑浊介质（如生物组织）的吸收系数与约化散射系数。其结构如图 31-1 所示，通过投影三幅不同相位的空间正弦调制图案到组织样品区域，根据 CMOS 相机成像样品反射的结构图案，继而解调出组织的调制传递函数（Modulation Transfer Function，MTF）。MTF 包含了重要的光学特性信息——吸收系数（μ_a）和约化散射系数（μ_s'），基于蒙特卡罗或散射解析模型，采用最小二乘法拟合或查表的方法反演计算出生物组织二维的吸收系数与约化散射系数分布。

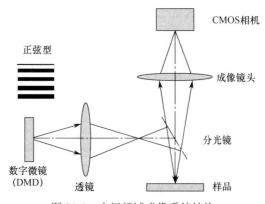

图 31-1　空间频域成像系统结构

假设入射到样品表面的结构光图案和样品后向散射的光强图案分别表示为

$$I_{(0)}(x, y) = I_{DC}^{(0)} + I_{AC}^{(0)} \cos[2\pi f_x x + \phi] \qquad (31\text{-}1)$$

$$I(x, y) = I_{DC}(x, y) + I_{AC}(x, y) \cos[2\pi f_x x + \phi] \qquad (31\text{-}2)$$

式中，$I_{AC}^{(0)}$ 和 I_{AC} 分别是空间频率为 f_x、相位为 ϕ 的入射光强幅值和后向散射幅值。

采用标准三相移法，将样品在一个特定频率正弦波的三个相位 $\alpha=0°$、$120°$、$240°$ 下分别进行光照，测得三幅图像 I_1、I_2、I_3，按以下公式可以解调出 I_{AC} 和 I_{DC}：

$$I_{AC}(x, f_x) = \frac{\sqrt{2}}{3}[(I_1 - I_2)^2 + (I_2 - I_3)^2 + (I_3 - I_1)^2]^{\frac{1}{2}} \qquad (31\text{-}3)$$

$$I_{DC}(x, f_x) = \frac{1}{3}(I_1 + I_2 + I_3) \qquad (31\text{-}4)$$

调制传递函数 MTF 由以下公式获得

$$\mathrm{MTF}_{f_x} = \frac{I_{AC}}{I_{AC}^{(0)}}$$
$$\mathrm{MTF}_0 = \frac{I_{DC}}{I_{DC}^{(0)}} \qquad (31\text{-}5)$$

最后，通过基于扩散近似方程的查表法（见图 31-2）获得生物组织的光学特性参数——吸收系数（μ_a）与约化散射系数（μ_s'）。

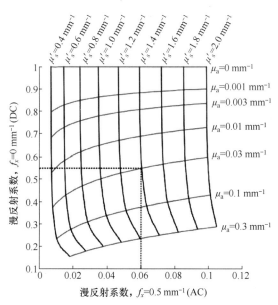

图 31-2 基于扩散近似方程的查表法

三、实验仪器及用品

数字微镜（DLP LightCrafter 4500，TI）、高分辨率彩色 CMOS 相机（MER-310-12UC，

大恒)、成像镜头、分光镜、朗伯体、标准光学仿体、若干支架与底座。

　　数字微镜是一种基于半导体制造技术,由高速数字式光反射开关阵列组成的光学成像应用器件,采用二进制脉宽调制技术,能精确地控制光的灰度等级,能投射高亮度、高对比度、无缝的影像。核心部件中每个DMD像素微反射镜具有两种状态(+12°和−12°),决定了光反射偏转的方向。按照惯例,+12°表示"开"状态,−12°表示"关"状态,分别对应二进制中的"1"和"0"。当微镜片处于"开"状态时,镜面反射入射光透过光学器件投影到屏幕上呈"亮"斑,反之,则呈"暗"斑,如图31-3(a)所示。控制每个微镜的不同状态便可以实现投影像素的逐个控制与显示。

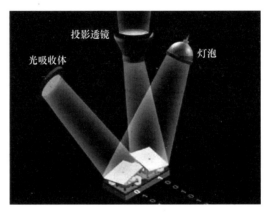

(a) 数字微镜结构图

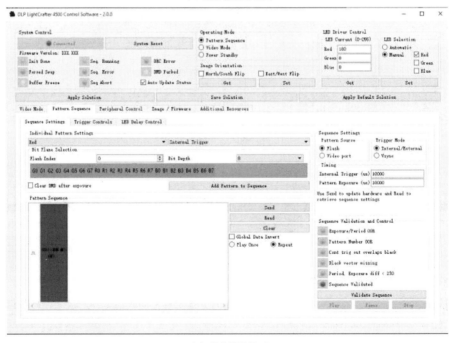

(b) 软件操作界面

图31-3　数字微镜结构图与软件操作界面

图 31-3（b）显示了数字微镜的软件操作界面，数字微镜的工作模式有 Video Model 和 Pattern Sequence 两种。本实验选择 Pattern Sequence 模式，即可以直接投影出导入的结构图案，将触发时间（Internal Trigger）与图案曝光时间（Pattern Exposure）都设置为 10000μs。

四、实验步骤

1、分别打开数字微镜的软件操作界面和 CMOS 相机软件，导入结构图案（编号 0）至数字微镜，调焦使图案清晰地投影到带有刻度尺的朗伯体表面，并将反射的图案能同样清晰地成像至 CMOS 相机，同时标定 CMOS 像素对应的空间尺度。

2、设置数字微镜软件参数，包括工作模式、LED 电流值、图片位数、脉冲时间等。同样，合理设置 COMS 相机软件的曝光时间参数。

3、选择平面图案（编号 1～3）投影至朗伯体表面，记录下 0 频的三张相位图，导入计算机的 MATLAB 软件，运用三相移法测量出入射光强 $I_{DC}^{(0)}$ 并保存。

4、摆放生物组织样品（如人体手臂等）使其成像清晰，在数字微镜软件操作界面中依次选择同一频率的三张不同相位（0°、120°、240°）的正弦图案投影样品并分别拍照，记录为 I_1、I_2、I_3。

5、运用三相移法解调出 I_{DC} 与 I_{AC}，并通过式（31-5）计算出组织的 MTF。

6、测量正弦周期，计算出空间频率 f_x，最后通过查表法分别给出生物组织的光学特性参数——吸收系数（μ_a）与约化散射系数（μ_s'）的二维分布图谱，计算出中间 100 像素× 100 像素区域的平均值。

五、实验记录及结果

将实验结果填入表 31-1 中。

表 31-1　实验结果

$f_x=$_____mm^{-1}

项　　目	$\lambda_{(460nm)}$	$\lambda_{(540nm)}$	$\lambda_{(623nm)}$
μ_a（mm^{-1}）			
μ_s'（mm^{-1}）			

六、思考题

1、实验过程中可否更改相机的曝光时间？

2、实验过程中采用朗伯体的作用是什么？

附录 A 万用表的使用方法

万用表是一种常用的仪表，可以测量交、直流电压和直流电流，还可以测量电阻等。万用表种类很多，但工作原理和使用方法基本上相似，其工作原理是由一个高灵敏的电流表和若干电子元件组成直流电压表、直流电流表、交流电压表和欧姆表。使用方法是根据测量的对象，先拨好选择开关，然后用测试表笔（测试杆）去测量，最后在表面刻度上读数。这里以 UT50 万用表为例，将其使用方法介绍如下。

1、操作前的注意事项。

（1）将 POWER 开关按下，检查 9V 电池，如果电池电压不足，那么需更换电池。

（2）测试表笔插孔旁边的"！"表示输入电压或电流不应超过示值，这是为了保护内部线路免受损伤。

（3）测试之前，功能开关应置于所需要的量程上。

2、直流电压的测量方法。

（1）将黑表笔插入 COM 插孔，红表笔插入 V 插孔。

（2）将功能开关置于"V—"量程上，并将测试表笔并联接到待测电源或负载上，红表笔所接端子的极性将同时显示。

注意：

（1）如果不知道被测电压的范围，应先将功能开关置于最大量程上并逐渐下调。如果显示器只显示"1"，表示过量程，功能开关置于更高量程上。

（2）测完电流后应及时将红表笔插回 V 插孔，以防误用电流挡测电压，损坏万用表。

3、交流电压的测量方法。

（1）将黑表笔插入 COM 插孔，红表笔插入 V 插孔。

（2）将功能开关置于"V~"量程上，并将测试表笔并联接到待测电源或负载上。

注意：如果不知道被测电压的范围，应先将功能开关置于最大量程上并逐渐下调。如果显示器只显示"1"，表示过量程，功能开关置于更高量程上。

4、直流电流的测量方法。

（1）将黑表笔插入 COM 插孔，当测量最大值为 200mA 以下电流时，红表笔插入 mA 插孔；当测量最大值为 20A 的电流时，红表笔插入 A 插孔。

（2）将功能开关置"A—"量程上，并将测试笔串联接入待测负载回路里，显示电流值的同时，也将显示红表笔的极性。

注意：如果不知道被测电流的范围，应先将功能开关置于最大量程上并逐渐下调。

如果显示器只显示"1"，表示过量程，功能开关应置于更高量程上。

5、交流电流的测量方法。

（1）将黑表笔插入 COM 插孔，当测量最大值为 200mA 以下电流时，红表笔插入 mA 插孔；当测量最大值为 20A 的电流时，红表笔插入 A 插孔。

（2）将功能开关置于"A~"量程上，并将测试表笔串联接入待测负载回路里。

注意：如果不知道被测电流的范围，应先将功能开关置于最大量程并逐渐下调。如果显示器只显示"1"，表示过量程，功能开关应置于更高量程上。

6、电阻的测量方法。

（1）将黑表笔插入 COM 插孔，红表笔插入 Ω 插孔。

（2）将功能开关置于"Ω"量程上，将测试表笔并联接到待测电阻上。

注意：如果被测电阻超出所选量程的最大值，将显示"1"，表示过量程，此时应选择更高的量程。对于 1MΩ 或更高的电阻，要几秒后才能稳定，对于高阻值读数这是正常的。当开路时，仪表读数为"1"。当检查内部线路阻抗时，被测线路必须断开所有电源，将电容电荷放尽。

7、电容的测量。

连接待测电容之前，注意每次转换量程时复零需要时间，有漂移读数存在，不会影响测试精度。应将电容插入电容测试座中进行测试。

注意：须将电容先放电后再进行测试，否则可能损坏万用表或引起测量误差。

8、频率的测量。

（1）将红表笔插入 Hz 插孔，黑表笔插入 COM 插孔。

（2）将功能开关置于 kHz 量程上，并将测试表笔并联接到频率源上，可直接从显示器上读取频率值。

9、温度的测量。

测量温度时，将热电偶传感器的冷端（自由端）插入温度测试座中（请注意极性），热电偶的工作端（测温端）置于待测物上面或内部，可直接从显示器上读数，单位为℃。

10、二极管的测试及蜂鸣器的连续性测试。

（1）将黑表笔插入 COM 插孔，红表笔插入 VΩ 插孔（红表笔极性为正），将功能开关置于"$\dashv\!\!\vdash$ •)"挡，并将表笔连接到待测二极管上，读数为二极管正向压降的近似值。

（2）将表笔接入待测线路的两端，如果两端之间电阻值低于 70Ω，那么内置蜂鸣器发声。

11、晶体管 hFE 的测试方法。

（1）将功能开关置于 hFE 量程上。

（2）确定晶体管是 NPN 型的还是 PNP 型的，将基极、发射极和集电极分别插入面板相应的插孔上。

（3）显示器上将显示 hFE 的近似值。

测试条件：$I_b \approx 10\mu A$，$V_{ce} \approx 2.8V$

12、自动电源切断使用说明。

仪表设有自动电源切断电路，当仪表工作约 30 分钟左右时，电源自动切断，仪表进入睡眠状态，这时仪表约消耗 $7\mu A$ 电流。仪表电源切断后，若要重新开起电源，则应重复按电源开关两次。

附录 B　SHARP EL-506A 电子计算器的使用方法

一、注意事项

1、计算器要避免高温、潮湿和充满灰尘的环境。

2、显示屏是玻璃（内涂液晶）的，使用时要小心，不得重压、敲击显示屏。

3、擦拭计算器尤其是显示屏时，必须用干净的干布，不能用湿布，更不能用溶剂之类的液体擦拭。

二、使用方法

1、开、关机：开机按 $\boxed{\text{ON/C}}$ 键，关机按 $\boxed{\text{OFF}}$ 键。

注意：若本机在一个操作键按后约 6 分钟不用，则会自动关掉，如需再开，需重新按 $\boxed{\text{ON/C}}$ 键。

2、算术和函数运算。

（1）算术运算。

按四则运算习惯键入数字和运算符，再按 $\boxed{\text{=}}$ 键，即可得结果。运算时先乘除，后加减，括号优先。

例 1　计算 5+2×3−2÷0.5。

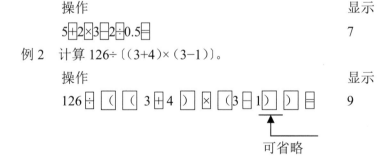

　　操作　　　　　　　　　　　　　　　　　　　　　　显示

　　5 $\boxed{+}$ 2 $\boxed{\times}$ 3 $\boxed{-}$ 2 $\boxed{\div}$ 0.5 $\boxed{=}$　　　　　　　　　7

例 2　计算 126÷〔(3+4)×(3−1)〕。

　　操作　　　　　　　　　　　　　　　　　　　　　　显示

　　126 $\boxed{\div}$ $\boxed{(}$ $\boxed{(}$ 3 $\boxed{+}$ 4 $\boxed{)}$ $\boxed{\times}$ $\boxed{(}$ 3 $\boxed{-}$ 1 $\boxed{)}$ $\boxed{)}$ $\boxed{=}$　　　9

　　　　　　　　　　　　　　　　　可省略

注意：所有的括号均用"("（上括号）和")"（下括号），括号可同时使用 15 次，里面括号内的内容比外面的优先，紧接在"="前的下括号可省略，但上括号则不能省略。

（2）函数运算。

① 三角函数：先按 $\boxed{\text{DRG}}$ 键设置角度的单位〔DEG 为度，RAD 为弧度，GRAD 为公制度（该单位极少用），每次开机时计算器自动设置为 DEG〕，再键入角度值，最后键入函数名即得结果。

例 3   计算 sin30°+cos40°。

连续按 DRG 键使显示屏上出现 DEG（小字，在上方）

操作   显示

30 sin ＋ 40 cos ＝   1.2660

例 4   计算 cos0.25π。

连续按 DRG 键使显示屏上出现 RAD（小字，在上方）

操作   显示

0.25 × 2ndF π ＝ cos ＝   0.7071

注意：（a）当函数运算和四则运算在一起时，先进行函数运算，但括号内的内容优先于函数。（b）第二功能键。由于键的数目有限，一个键常表示几个功能。用红字表示的就是第二功能，要和 2ndF 键配合使用，如上例中的 2ndF π 就是使用 EXP 键的第二功能，表示 3.1416，下面的反三角函数也是如此。

② 反三角函数：先设置单位，再由反三角函数键（第二功能键）计算。

例 5   计算 sin^{-1}0.5。

角度单位设置为 DEG

操作   显示

0.5 2ndF sin^{-1} 30

例 6   计算 cos^{-1}−1。

角度单位设置为 RAD

操作   显示

1 +/− 2ndF cos^{-1} 3.1416

注意：+/− 键用于将当前输入的数字取负值。

（3）乘方运算。

利用 y^x 键。

例 7   计算 3^4

操作   显示

3 y^x 4 ＝   81

平方、立方、开方、开立方均可按以上方法做，但它们各有独立的键，可直接求得。其函数的求法可类推。

（4）计算的优先次序。

一个算式中，含有多个函数及算术运算时，计算器按下列优先次序进行顺序计算，同一优先级的多项算式，则按先后次序计算。

优先级   操作项目

1	$\sin$，x^2 等函数
2	y^x，$\sqrt[x]{y}$
3	$\times$，$\div$
4	$+$，$-$

注意：括号内的计算总是优先于括号外的计算。

例 8　计算  表示 $(1+2)\times 3^{\sin 30^\circ}\div 5$ （角度单位设置为 DEG）。

3、计算值小数点后位数的确定。

按下 $\boxed{2ndF}$ $\boxed{TAB}$ 键后再键入 0～9 中的一个数字，可将计算的中间结果及最后结果保留到小数点后所需的位数（后面的位数四舍五入处理）。注意：这个位数仅是显示的位数，而计算器存储的位数始终为小数点后 10 位。

例 9　键入 $\boxed{2ndF}$ $\boxed{TAB}$ 9 设置小数点后 9 位。

$5\div 9=$	显示 0.555555556	（9 位）
按 $\boxed{2ndF}$ $\boxed{TAB}$ 8	显示 0.55555556	（8 位）
按 $\boxed{2ndF}$ $\boxed{TAB}$ 0	显示 1	（0 位）
按 $\boxed{2ndF}$ $\boxed{TAB}$ 7	显示 0.5555556	（7 位）

注意：（1）按 $\boxed{2ndF}$ $\boxed{TAB}$ 0 显示四舍五入后的整数位数。（2）按 $\boxed{2ndF}$ $\boxed{TAB}$ $\boxed{\cdot}$ 可返回显示数据的浮点状态。

4、普通记数法和科学记数法的转换。

按 $\boxed{F\rightarrow E}$ 键可进行数的普通记数法和科学记数法之间的转换。

例 10

操作	显示	注释
$\boxed{2ndF}$ $\boxed{TAB}$ 3	0.000	设置小数点后 3 位
2532.0 $\boxed{=}$	2532.000	普通记数法表示
$\boxed{F\rightarrow E}$	2.532　03	科学记数法表示：10 的幂次以两位表示，即 10^3
$\boxed{F\rightarrow E}$	2532.000	恢复普通记数法

5、改正错误输入的数字。

若发现输入的数字是错误的，只要尚未按下后面的功能键，可按 $\boxed{CE}$ 键清除，重新输入正确数字，不影响以前的计算结果，但若后面的功能键已按下，则不能改正。

例 11　计算 $5\times 60+30$。

操作	显示	注释
$\boxed{2ndF}$ $\boxed{TAB}$ 0		
5 $\boxed{\times}$ 40		40 是错的，但未按下 $\boxed{+}$ 键

操作	显示	注释
CE60		清除 40，改为 60
＋ 30 ＝	330	

注意：CE 和 ON/C 不同，后者是把整个计算结果都清除掉。

6、统计（求平均值，标准差）。先按 2ndF STAT 键进入统计（STAT）模态，然后可按下例进行。

例 12　计算表 B-1 所示数据的平均值和标准差。

表 B-1　测量数据

数值	35	45	55	65
频数	1	1	5	2

操作	显示	注释
2ndF TAB 8	0.00000000	
35　DATA	1	输入总次数
45　DATACD	2	
55×5 DATACD	7	
65×2 DATACD	9	
$\bar{x}$	53.88888889	平均值
S	9.27960727	标准差

若输入数据有误，要进行改正，如上例中最后一个数据不是 65×2，而要改成 60×2，按下述步骤进行：

操作	显示
65×5 2ndF DATACD	7
60×2 DATACD	9

7、其他用法请参阅说明书。

练习题

1、计算 $5\sqrt[3]{5}(\sin 70° - \cos 70°) - 2.2^2$ 并写出操作步骤。

2、计算 $\dfrac{0.33^5 + 0.2(\frac{1}{105} - \frac{1}{109})}{2.5 \times 10^{-6} - 7 \times 10^{-8}}$ 并写出操作步骤。

3、空气中声速的理论值 $C_1 = 331\sqrt{1+0.0037t}$ （m/s），其中 t 为温度（℃）。求 t=25℃时的 C_1。现实验测得 25℃ 时的声速 C_2=346.75（m/s），求实验值的百分误差。

4、计算 $y = \dfrac{2\pi}{e^{hc/\lambda kt}-1} \times \dfrac{hc^2}{\lambda^5}$ ，其中 h=6.63×10⁻³⁴ J·S，c=3.00×10⁸ m/s，k=1.38×10⁻²³ J/K，T=5700K，λ=510×10⁻⁹ mw

5、对某物理量 x 重复测量 16 次，结果如表 B-2 所示，求 $\bar{x}$ 及标准差 S。

表 B-2 测量结果

n	1	2	3	4	5	6	7	8
x	21.60	21.45	21.45	21.45	21.45	21.80	21.50	21.50
n	9	10	11	12	13	14	15	16
x	21.50	21.62	21.75	21.75	21.37	21.82	21.82	21.82

附录 C   CASIO fx–3600 电子计算器的使用方法

一、注意事项

1、计算器环境温度应限于 0℃～40℃。

2、计算器不得受重压或打击。

3、计算器避免受潮和沾染灰尘，擦拭时须用清洁的干布，不得用湿布，更不能使用溶剂。

二、使用方法

1、开、关：按电源开关 $\boxed{\text{POWER}}$ 键。注意：若本机在一个操作键按后 6 分钟内不用，则会自动切断电源，如需再开，可按下 $\boxed{\text{AC}}$ 键（全清除键）。

2、函数键的使用：黑色函数键可直接用，而使用棕色表示的函数键时，则要先按下 $\boxed{\text{INV}}$ 键（反函数键），再按相应的键。若要使用三角或反三角函数，则先按 $\boxed{\text{MODE}}$ $\boxed{4}$（或 $\boxed{5}$）键将角度单位设定为度（或弧度）。

例 1   计算 $\sin45°=0.707106781$。

计算 $\sin^{-1}0.707106781=45°$。

操作   显示

45 $\boxed{\sin}$ 0.707106781

0.707106781 $\boxed{\text{INV}}$ $\boxed{\sin^{-1}}$ 45

数据清除：按下 $\boxed{\text{AC}}$ 键。

3、算术及函数运算：按下 $\boxed{\text{MODE}}$ $\boxed{\cdot}$ 键让计算器状态置于"RUN"。本机会自动决定运算的先后次序。优先顺序是：

（1）函数。

（2）乘方和开方。

（3）乘法和除法。

（4）加法和减法。

优先顺序相同时，根据输入的顺序计算。使用括号时括号内的内容最优先运算：

例 2   计算 $5+2×\sin30°+24×5^3=3006$。

操作   显示

5 $\boxed{+}$ 2 $\boxed{×}$ 30 $\boxed{\sin}$° $+$ 24 $\boxed{×}$ 5 $\boxed{\text{INV}}$ x^y 3 $\boxed{=}$ 3006

计算中发现按错数字，在没有键入后继的功能键前，可直接按 $\boxed{\text{C}}$ 键清除，重新键入正确的数字。顺次按下 $\boxed{\text{MODE}}\ \boxed{7}\ n$ 可以指定小数点后的位数。顺次按下 $\boxed{\text{MODE}}\ \boxed{8}\ n$ 可以指定有效位数 n。若要解除指定，则按下 $\boxed{\text{MODE}}\ \boxed{9}$。

例 3　$100\div6=16.66666666...$

操作	显示
$100\ \boxed{\div}\ 6\ \boxed{=}$	16.666666667
（指定小数点后 4 位）$\boxed{\text{MODE}}\ \boxed{7}\ 4$	16.6667
（指定有效位数 5 位）$\boxed{\text{MODE}}\ \boxed{8}\ 5$	1.6667
（解除指定　）$\boxed{\text{MODE}}\ \boxed{9}$	16.666666667

4、统计（求平均值和标准差）：按下 $\boxed{\text{MODE}}\ \boxed{3}$，使计算状态设定在"SD"。开始计算前，一定要先顺次按下 $\boxed{\text{INV}}\ \boxed{\text{AC}}$ 键以清除之前存储的数据。

例 4：计算表 C-1 所示数据的平均值和标准差。

表 C-1　测试数据

数值	35	45	55	65
频数	1	1	5	2

操作	显示	解释
$\boxed{\text{MODE}}\ 3\ \boxed{\text{INV}}\ \boxed{\text{AC}}\ 35\ \boxed{\text{DATA}}\ 45\ \boxed{\text{DATA}}$	45	
$55\ \boxed{\times}\ 5\ \boxed{\text{DATA}}\ 65\ \boxed{\text{DATA}}\ \boxed{\text{DATA}}$	65	
$\boxed{\text{INV}}\ x$	53.88888889	算术平均值
$\boxed{\text{INV}}\ X_{\sigma_{n-1}}$	9.279607279	标准差
$\boxed{\text{K}_{\text{out}}}\ n$	9	数据个数

若键入数据有误，要进行改正，如上例中最后一个数据不是 65×2，而要改成 60×2，可按下述步骤进行：

操作	显示
$65\ \boxed{\text{INV}}\ \boxed{\text{DEL}}$	65
$\boxed{\text{INV}}\ \boxed{\text{DEL}}$	
$60\ \boxed{\text{DATA}}\ \boxed{\text{DATA}}$	60

6、其他用法可参阅说明书。